高等职业教育土木建筑大类专业系列规划教材

建筑艺术构成

胡少杰　薛　欢　主编

清华大学出版社
北　京

内 容 简 介

本书结合现代设计发展的需要，系统全面地讲述了建筑艺术构成的基本知识。本书由 5 部分组成，分别为建筑艺术构成概述、平面构成概述、色彩构成概述、立体构成概述和立体构成的艺术设计。本书将色彩原理、材料的选择和应用、视觉心理认知等因素融入平面、立体空间的设计基础训练中去，注重对学生创造能力的培养，内容由浅入深、图文并茂。

本书可以作为教材使用，也可以作为行业爱好者的自学辅导用书。

图书在版编目（CIP）数据

建筑艺术构成 / 胡少杰，薛欢主编 . — 北京：清华大学出版社，2020.7（2023.9重印）
高等职业教育土木建筑大类专业系列规划教材
ISBN 978-7-302-55831-6

Ⅰ. ①建… Ⅱ. ①胡… ②薛… Ⅲ. ①建筑艺术－高等职业教育－教材 Ⅳ. ① TU-8

中国版本图书馆 CIP 数据核字（2020）第 106058 号

责任编辑：杜　晓
封面设计：刘艳芝
责任校对：赵琳爽
责任印制：丛怀宇

出版发行：清华大学出版社
网　址：http://www.tup.com.cn, http://www.wqbook.com
地　址：北京清华大学学研大厦 A 座　　邮　编：100084
社 总 机：010-83470000　　邮　购：010-62786544
投稿与读者服务：010-62776969, c-service@tup.tsinghua.edu.cn
质量反馈：010-62772015, zhiliang@tup.tsinghua.edu.cn
印 装 者：三河市铭诚印务有限公司
经　销：全国新华书店
开　本：185mm × 260mm　　**印　张**：11.75　　**字　数**：283 千字
版　次：2020 年 8 月第 1 版　　**印　次**：2023 年 9 月第 2 次印刷
定　价：65.00 元

产品编号：088216-01

前　言

构成即“组织”，绘画、摄影艺术中称为“构图”，视觉传达设计中称为“编排”，而空间设计中称为“位置经营”。构成是设计作品的核心，它将各元素、各节点有机地整合在一起，起到统一、控制的作用。反过来说，创造性的作品或形式，甚至风格，均与艺术构成密切联系。

艺术构成是整个艺术设计学科的立足点和基础。通过对本课程的学习，学生能够了解形式美法则及应用方式，了解抽象构成在实际设计中如何进行图形创造、色彩搭配、形态构思。通过学习本书，学生能够对绘画材料的性能具有基本认知，熟练掌握绘图基本功，培养学生具备一定的专业设计创新能力，为今后学习专业设计课打好基础。

本书由胡少杰（山西建筑职业技术学院）、薛欢（山西建筑职业技术学院）担任主编，孙凤玲（山西建筑职业技术学院）、李楠（山西建筑职业技术学院）担任副主编。参编人员包括孙载斌（攀枝花学院艺术学院）、郝志刚（山西职业技术学院）、侯贵元（山西建筑职业技术学院）、毕瑞芳（太原理工大学阳泉学院）。

本书在编写过程中，得到很多同事、友人及学生的帮助和大力支持，在此深表谢意。同时感谢山西建筑职业技术学院建筑与艺术系的学生们，他们为本书提供了大部分的图示图片资料。

本书在编写过程中参考了许多文献，在此一并表示感谢。由于编者水平有限，书中不足之处在所难免，希望广大读者提出宝贵意见。

编　者

2020 年 4 月

目 录

模块1 建筑艺术构成概述

1.1 构成的概念及意义

在设计领域，构成是指将一定的形态元素，按照视觉规律、力学原理、心理特性、审美法则进行的创造性组合。

构成作为一门传统的学科，在艺术设计基础教学中起着非常重要的作用，它是对学生在进入专业学习前的思维启发和观念传播与指导。1919年，包豪斯设计学院在格罗皮乌斯提出的“艺术与技术的统一”口号下，努力寻求和探索新的造型方法与理念，对点、线、面、体等抽象艺术元素进行大量的研究，在抽象的形、色、质的造型方法上花了很大的力气，他们在教学当中的这种研究与创新为现代构成教学打下了坚实的基础。

艺术构成是现代视觉传达艺术的基础理论，通俗些说是现代应用设计的基础。如图案设计、物体造型设计、工业产品造型及装潢设计、室内装饰设计，等等。现代设计体现了人的审美观和时代感，设计观念、设计方法和使用材料都有鲜明的时代烙印。

构成即平面构成、色彩构成与立体构成，是现代艺术设计基础的重要组成部分。“构成”是一种造型概念，其含义是将不同形态的多个单元重新组合构成一个新的单元。

平面构成主要在二维空间范围之内，以轮廓线划分图与地之间的界线，描绘形象。它所表现的立体空间并非实的三维空间，而仅仅是图形对人的视觉引导作用形成的幻觉空间。平面构成是一门研究形象在二维空间里的变化构成的科学，探求二维空间的视觉规律、形象的建立、骨格的组织、各种元素的构成规律，造成既严谨又有无穷律动变化的装饰构图。

学生通过色彩构成的学习，能够掌握其基础知识，学会运用它的基本方法，并具备较强的构成表现能力。人们长期形成的对色彩的感觉会产生思维定式，不同颜色的搭配给人不同的心理感受，而色彩构成就是将这些思维定式总结出来。

立体构成是现代艺术设计的基础之一，是使用各种材料将造型要素按照美的原则组成新立体的过程。立体构成的构成要素是点、线、面、体、色彩和空间诸方面，它的形成要素仍然是形式美诸法则，如对比调和、对称均衡、比例、节奏、韵律、统一等，重要的是通过设计创造意境。

立体构成是研究立体形态的材料和形式的基础学科。立体构成所研究的对象是立体形态和空间形态的创造规律。具体来说，就是研究立体造型的物理规律和知觉形态的心理规律。

立体构成是由二维平面形象进入三维立体空间的构成表现，两者既有联系又有区别。

联系：它们都是一种艺术训练，引导了解造型观念，训练抽象构成能力，培养审美观。

区别：立体构成是三维深度的实体形态与空间形态的构成，结构上要符合力学的要求，材料也影响和丰富构成的形式；立体构成是用厚度来塑造形态，是制作出来的；同时立体构成离不开材料、工艺、力学、美学，是艺术与科学相结合的体现。

1.2 构成的应用及发展方向

构成是设计作品的核心，它将各元素、各节点有机地整合在一起，起到统一、控制的作用。创造性的作品或形式，甚至风格，均与构成密切相关。

从远古时代开始，人类就学会用大自然所赋予的灵感来创造物质文明和精神文明。从造型到纹饰，无论是具象的、意象的，还是抽象的，无一不反映出人类对他们赖以生存的空间的理解与表达。新石器时代的陶器造型是一种很有说服力的设计，而今天的各种设计更显示出设计师们超凡的智慧。

设计是一种创造性的劳动，是对人类社会各方面进行规划和提出方案。许多在现代设计史上具有影响力的设计作品，其设计灵感大多来自大自然的启迪。

但是，在一个优秀的设计中，人们往往很难将眼前的事物与某一种自然界的生物形态直接联系起来，这表明设计不是一种简单的模仿，而是一种创造。设计引发的是一种功能的满足，甚至是一种心灵的倾诉。在20世纪初出现的现代派作品中，艺术家对于构成语言的运用使纯艺术领域也出现了质的变化，艺术家对于形式的过度追求，表现出视觉审美领域正在加剧的异化。

模块 2 平面构成概述

构成艺术是现代视觉传达艺术的基础理论。它的基本规律适用于所有构成设计，本书着重阐述二次元构成，即平面设计中基本要素的构成及其形式规律问题。

平面是指与立体的差别，它主要解决长、宽两度空间的造型问题。

构成包括平面构成和立体构成，它是一种造型概念，也是现代造型设计用语。其含义就是将多个单元（包括不同的形态、材料）重新组合成为一个新的单元，并赋予视觉化的、力学的概念。其中，立体构成是以厚度塑造形象，是将形态要素按照一定的原则组合成形体；平面构成则是以轮廓塑造形象，是将不同的基本形按照一定的规则在平面上组合成图案。构成就是“组装”的意思，即把平面设计中所需要的诸要素，像机器零件一样，按照美的形式法则进行“组装”，形成一个新的、适合的图形。

平面构成是一种视觉形象的构成。它的研究对象主要是在平面设计中，如塑造形象，处理形象与形象之间的联系，掌握美的形式规律，并按照美的形式法则构成、设计所需要的图形，从中培养设计人员的审美能力，并提高其创造抽象形态和构成的能力。

平面构成元素包括概念元素、视觉元素和关系元素。概念元素是指创造形象之前，仅在意念中感觉到的点、线、面、体的概念，其作用是促使视觉元素的形成。视觉元素是把概念元素见之于画面，是通过看得见的形状、大小、色彩、位置、方向、肌理等被称为基本形的具体形象加以体现的。关系元素是指视觉元素（即基本形）的组合形式，是通过框架、骨格以及空间、重心、虚实、有无等因素决定的；其中最主要的因素是骨格，是可见的，其他如空间、重心等因素，则需要感觉去体现。

平面构成的框架、一切用于平面构成的可见的视觉元素统称为形象，基本形即最基本的形象；骨格是限制和管辖基本形在平面构成中的各种不同的编排。基本形有“正”有“负”，构成中也可相互转化；基本形相遇时，又可以产生分离、接触、复叠、透叠、联合、减缺、差叠、重合等几种关系。骨格可以分为在视觉上起作用的有作用骨格和在视觉上不起作用的无作用骨格，以及有规律性骨格（即重复、近似、渐变、发射等骨格）和非规律性骨格（即密集、对比等骨格）。基本形与骨格在特性上相互影响、相互制约、相互作用，从而构成千变万化的构成图案。

平面构成丰富和发展了传统的工艺美术理论。它不拘泥于一定的固有格式，手法灵活，千变万化，尤其有利于锻炼思维能力，从而更好地为设计服务。

2.1 平面构成基本要素

在平面构成中有形态要素和构成要素两个基本要素。最基本的形态要素是点、线、面；构成要素是大小、方向、明暗、色彩、肌理等。以这些基本要素为条件，加以组合构成，便会创造出无数理想的抽象造型。

本节着重阐述最基本的形态要素——点、线、面的特性，作用及其应用。

2.1.1 点的表现形式

1. 关于“点”

（1）从造型设计来看，点是一切形态的基础。几何学中的点是只有位置而没有大小的；点是线的开端和终结，是两线的相交处。

（2）点是形态构成中最小的构成元素，也是最基本的形态之一。点必须有其形象存在才是可见的；越小的形体越能给人以点的感觉。

2. 点的性质和作用

（1）不同大小、疏密的混合排列，形成散点式的构成形式［图 2-1-1（a）］。

（2）将大小一致的点按一定的方向进行有规律的排列，给人的视觉留下一种由点的移动而产生线化的感觉［图 2-1-1（b）］。

（3）将由大到小的点按一定的轨迹、方向进行排列，使之产生一种优美的韵律感［图 2-1-1（c）］。

（4）把点以大小不同的形式，既密集又分散地进行有目的的排列，产生点的面化感觉［图 2-1-1（d）］。

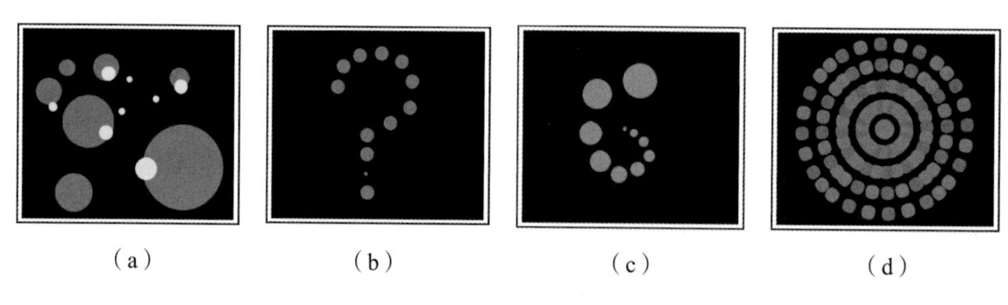

（a）　（b）　（c）　（d）

❖ 图 2-1-1

点在几何学中只表明位置，并不具备面积和方向。而在平面构成中，点作为造型要素之一，具有不可忽视的重要作用。在人类远古时期的手工制品表面装饰纹样中，点就已被大量应用。时至今日，当代的设计师依然运用点的变化和排列组合，再现点的令人惊叹的艺术魅力。

3. 点的错觉

1）错觉概念

错觉就是感觉与客观事实不一致的现象。点的位置随着其色彩、明度和环境条件等变化，会产生远近、大小等变化的错觉。

2）错觉的影响

（1）亮色的点有扩张感，暗色的点有收缩感［图 2-1-2（a）］。

（2）面积对点的影响（等大的点）：在大点包围下感觉小，在小点包围下感觉大［图 2-1-2（b）］。

（3）点距边线近的感觉大。周围空间小的点感觉大，周围空间大的点感觉小［图 2-1-2（c）］。

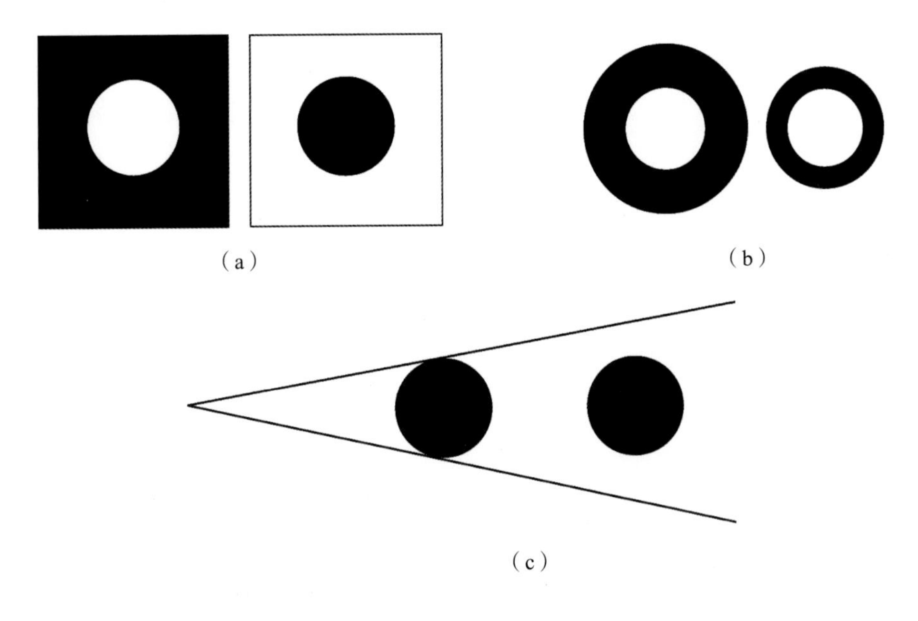

（a）　（b）　（c）

❖图 2-1-2

4. 点在设计中的应用

点是相对较小的元素，它与面的概念是相互对比而形成的。同样是一个圆，如果布满整个画面，它就是面了；如果在一幅构成中多处出现，就可以理解为点。

点最重要的功能是表明位置和进行聚集。在一个平面上，点是最容易吸引人的视线的（图 2-1-3 和图 2-1-4）。

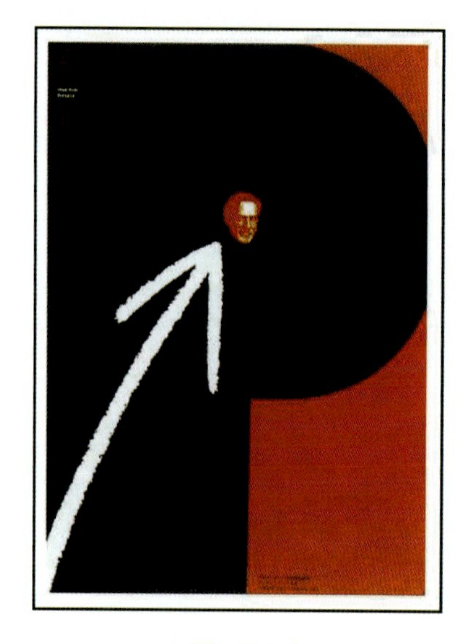

❖图 2-1-3

❖图 2-1-4

点是最基本和最重要的元素，一个较小的元素在一幅图中或者两个以上的非线元素同时出现在一幅图中，我们都可以将其视为点。

点可以有各种各样的形状，有不同的面积，但在平面设计理论中，点的位置关系比面积关系更重要，甚至很多时候，我们并不关心点的面积大小。

两个以上的点可以有不同的对应关系，如并列、上下重叠、大小不同等。不同的对应关系有不同的视觉感受。

点通过排列可以形成点线，图 2-1-5 所示的字母可以视为点。

❖图 2-1-5

点线拥有线的优势，又有点的特征，是运用得较多的设计方式。

3 个以上不在同一条直线上的点可以形成面，我们可以运用点面的特性来进行设计。点面具有面的优势和特征，但同时也有点的美感，因此看起来有种特别的美（图 2-1-6）。

我们要多用点之间的不同的组合关系，找出一些美丽的排列方式（图 2-1-7 和图 2-1-8）。

❖ 图　2-1-6

❖ 图　2-1-7

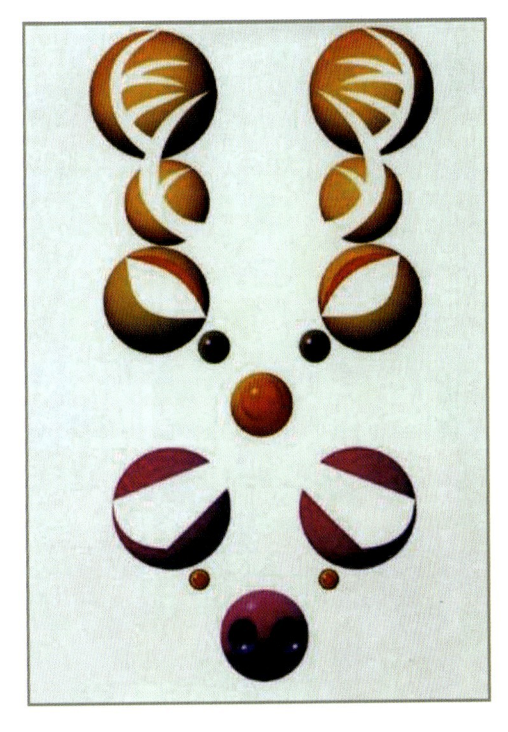

❖ 图　2-1-8

2.1.2　线的表现形式

1. 关于“线”

线是具有位置、方向与长度的一种几何体，可以把它理解为点运动后形成的。与点强调位置与聚集不同，线更强调方向与外形（图 2-1-9）。

❖图 2-1-9

（1）线的空间形态比点的形态复杂得多。

几何学线只有位置、长度而不具有宽度和厚度，它是点进行移动的轨迹，并且是一切面的边缘和面与面的交界。

（2）造型含义：线具有位置、长度和一定的宽度。

（3）点、线、面的关系：点移动成为线，线移动成为面，面移动成为立体。

就造型而言，由于不能处理眼睛看不到的形，所以我们把点当成有面积，线也被赋予了粗细或宽度，但如果面积或宽度加得太多，自然会使点或线的意象随之减弱，逐渐带上了面的倾向，故分辨点、线、面会因为周围的状况而有不同的结果。

2. 线的性质和种类

线有两种基本类型：直线和曲线。这两种线条又可以派生出许多种线条，而它们又各自具有不同的视觉感受。

- 线
  - 直线
    - 不相交的线：平行线
    - 相接的线：折线
    - 交叉的线：直交、斜叉
  - 曲线
    - 开放的曲线：弧、旋涡线、抛物线、双曲线
    - 封闭的曲线：圆、椭圆、心形

3. 线的感情性格

1）决定感情性格的因素

（1）长度：按点的移动量来决定。

（2）速度：点的移动速度、速度的大小决定线的流畅程度，表现出线的力量强弱，加速、减速或速度的不规则变化，以及移动方向的变化，都会有各种性格的线条产生。

2）线的性格

（1）直线有粗细之分，有机械线与手工线之分，每一种线都给人不同的感觉。

直线：表示静，是男性的象征，具有简单明了、直率、强壮平稳的性格感受，能表现力的美。

粗直线：表现力强，钝重和粗笨。

细直线：表现锐利、神经质，表现力强，秀气。

锯状直线：有焦虑、不安定的感觉。

无机线：用尺子画出的直线，具有机械感，表现冷淡而坚强。

手绘直线：有较浓的人情味。

垂直线：具有严肃、庄重、高尚、强直等性格。

水平线：具有静止、安定、平和、静寂、疲劳等感觉。

斜线：具有飞跃、向上或冲刺前进的感觉。

总之，粗的、长的、实的直线有向前突出，给人一种较近的感觉，近大远小；细的、短的、虚的直线有向后退缩，给人一种较远的感觉，近实远虚。

（2）曲线比直线富有动感，更富有感情色彩。从原始时代的纹饰中可以知道，曲线一直是人们表现美感的一种方式。几何曲线具有秩序性，有一定规律可循。

几何曲线：它是女性化的象征，有较温暖的感情性格，会使人感到柔软、优雅，同时又有一种速度感或动力、弹力的感觉，具有直线的简单明快和细线的柔软运动的双重性格。

正圆形：具有对称和有序的美，但由于过于有序和对称，会有呆板的缺陷。

椭圆形：既有正圆形的规则性，又有长短轴对比的变化特点。

涡线形：具有较强的动感和方向性。

（3）自由曲线打破了几何曲线的规律性，因其自由度带来柔软和舒展的感觉，从而具有更大的创造力。

自由曲线：富有自由、优雅的女性感，它的美主要表现在自然的伸展、圆润及弹性的力度感，给人较强的对抗外力的感觉。

4. 线的错觉

图 2-1-10 中的直线都有弯或者不平行的错觉。

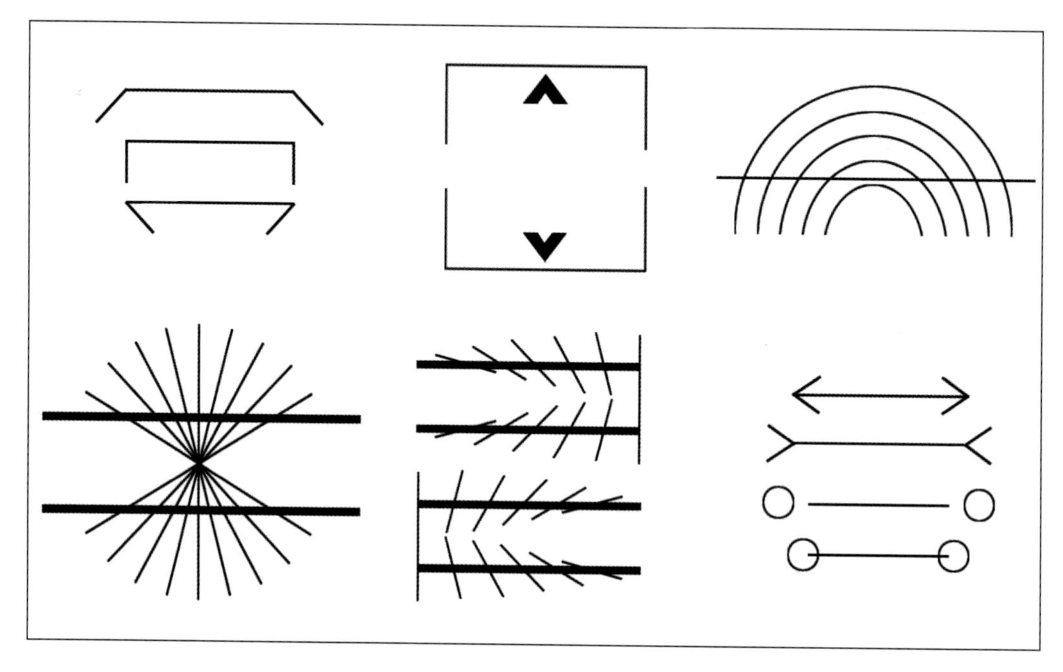

❖图　2-1-10

在设计中，应灵活利用错视原理，有时利用其加强对比关系，有时又必须注意避免错觉所产生的不良效果。例如，我们可以用其来分割画面或增加形象的丰满度。

5. 线在设计中的作用

在广告、包装或者商标、标志等设计中，有些作品直接用线的构成来表现，也可体现出形式美的法则，取得较好的效果。

平面设计作品中，直线的适当运用有标准、现代、稳定的感觉，我们常常会运用直线来对不够标准化的设计进行纠正。适当的直线还可以分割平面。

曲线则具有女性化的特点，具有柔软、优雅的感觉。

曲线的整齐排列会使人感觉流畅，让人想象到头发、羽絮、流水等，有强烈的心理暗示作用，而曲线的不整齐排列会使人感觉混乱、无序以及自由。

线的交叉组合有稳定感，线组合构成若隐若现的面，同时它的秩序感使人只想去遵循。这又是一种线构成的空间，比平行排列的线稳定、封闭（图 2-1-11）。

点向不同方向运动会产生发散的线（图 2-1-12）。空间中线构成的肌理和光影给人的感觉是有秩序的、严谨的。

❖图 2-1-11

❖图 2-1-12

2.1.3 面的表现形式

1. 关于“面”

与点相比，面是一个平面中相对较大的元素，点强调位置关系，面强调形状和面积，请注意这里的面积是指画面不同色彩间的比例关系（图 2-1-13）。

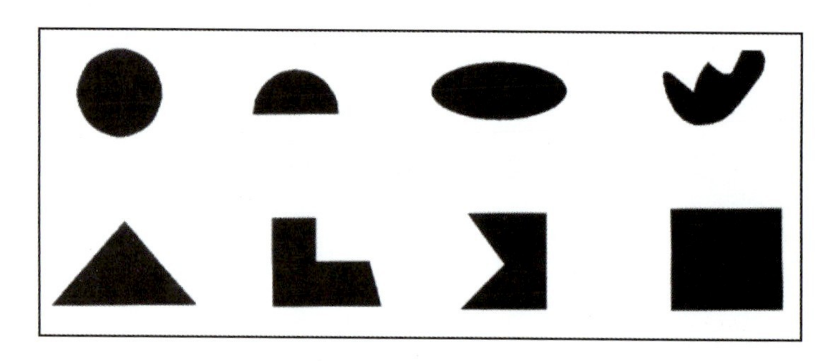

❖图 2-1-13

（1）几何学中线移动的轨迹成面。

（2）造型含义：面或形具有长、宽二维空间。

（3）点、线、面的关系：点移动成为线，线移动成为面，面移动成为立体。

2. 面的构成形式

面能够体现充实、厚重、整体、稳定的视觉效果。

（1）几何形的面，表现规则、平稳、较为理性的视觉效果［图 2-1-14（a）］。

（2）自然形的面，不同外形的物体以面的形式出现后，给人以生动、厚实的视觉效果［图 2-1-14（b）］。

（3）徒手的面给人以自由、凌乱的感觉［图 2-1-14（c）］。

（4）有机形的面，呈现柔和、自然、抽象的面的形态［图 2-1-14（d）］。

（5）偶然形的面，自由、活泼而富有哲理性［图 2-1-14（e）］。

（6）人造形的面，体现较为理性的人文特点［图 2-1-14（f）］。

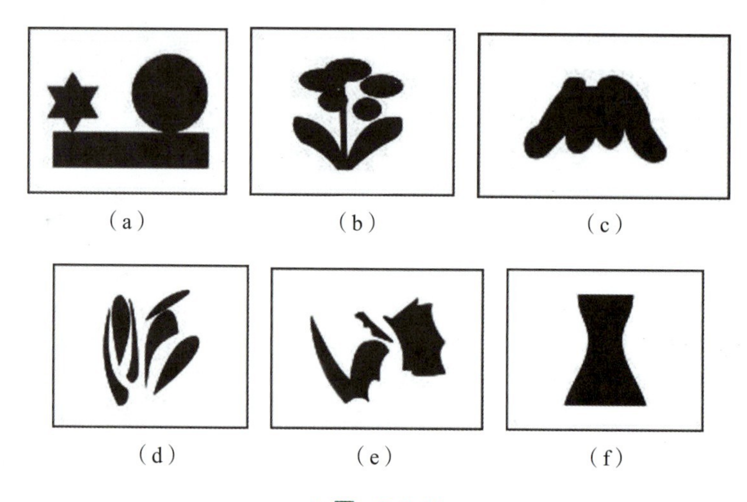

❖图 2-1-14

3. 单形的构成

（1）几何单形的相互构成：以圆形、方形、三角形为基本形体，将它们分别以连接、重合、重叠、透叠等形式，构成不同形象特点的造型［图 2-1-15（a）］。

（2）分割所构成的形体：训练设计者灵活的造型能力［图 2-1-15（b）］。

（3）重合所构成的形体：形体间相互重合、添加派生出形态各异的造型［图 2-1-15（c）］。

（4）自然形单形的构成：把自然物的基本形以真实、自然、概括的形式表现出来，应用到构成设计中去［图 2-1-15（d）］。

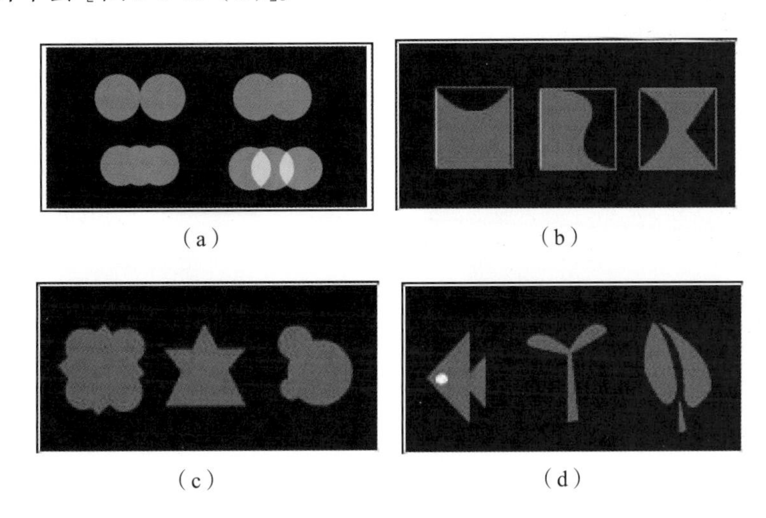

（a） （b）

（c） （d）

❖图 2-1-15

4. 面在设计中的应用

点和面之间没有绝对的区分，在需要强调位置关系时，我们把它看作点；在需要强调形状面积时，我们把它看作面。

❖图 2-1-16

任何一个面在画面中都存在与画面的关系问题。当面的形态是突出的、生动的，面以外的画面就会显得次要一些，通常将其称为“地”。因此，在一个画面之中存在着“图”与“地”的关系。《卢宾之壶》（图 2-1-16）就体现了这一点。当然，“图”与“地”的关系是相对而言的，在设计中可以利用“地”与“图”来做文章，让“地”与“图”的关系逆转。

群化的面能够产生层次感。所谓群化，就是一大堆，一群群的，想象一下一只绵羊和一大群绵羊相比，就能明白什么是群化的面了。

点、线、面相结合，运用我们后面要讲到的原理和规律，就可以得到美丽的平面构成图形（图 2-1-17 和图 2-1-18）。

❖图 2-1-17

❖图 2-1-18

面可以进一步成为体，即体化的面（图 2-1-19）。

❖图 2-1-19

2.1.4 点、线、面的构成及其形式法则

以点、线、面为基本形态元素，运用比较简练的基本形，采取各种骨格和排列方法，加以构成变化，便可组合成无数新的图形。一切自然形态都能被抽象为点、线、面的形态，而点、线、面、块形态的进一步组合，能产生出十分丰富的变化与广泛的联想。

这些基本元素加以构成会产生更美的效果，在人们的生活经验中，已形成一套美的形式观念。美的表现形式归纳起来，大体可分为两大类，一类是有秩序的美。这是大量的和主要的表现形式。从其构成方法来看，对称、平衡、重复、群化等形式，以及带有较强韵律感的简便、发射等构成方法，都包括其中；另一类是打破常规的美。诸如对比、特异、夸张、变形等，都具有破规的性质。

1. 对称和平衡

（1）对称是点、线、面在上、下、左、右有同一部分反复出现形成的图形。

（2）对称是表现平衡的完美形态，它表现为力的均衡、对称的形式；在机能上可以取得力的平衡，在视觉上会使人感到完美无缺，给人的感觉是有秩序、庄严肃穆，呈现安静平和的美。但它存在着过于完美、缺少变化的缺点，给人以呆滞、静止和单调的感觉，由于社会是前进的，人们不会满足呆板的形式，而是要求有所变化。

（3）解决方法：在保持平衡整体的前提下，求得局部的变化。这里所说的变化或突破不是无限度的，要根据力的重心，将其分量加以重新配置和调整，从而达到平衡的效果，使其量感达到平衡，而在形象上有所差别，这种构成状态，较之完全对称的形式更富有活力（图 2-1-20）。

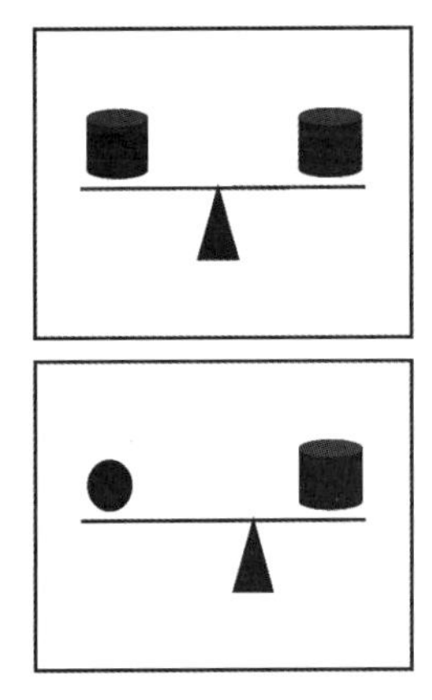

❖ 图 2-1-20

2. 对称和平衡的基本形式

（1）反射：是相同形象在左右或上下位置的对应排列，它是对称和平衡的最基本的表现形式，又可称为镜照。它能够扩展联想的范围［图 2-1-21（a）］。

（2）移动：是在总体保持平衡的前提下，局部变动位置。移动的位置要适度，注意其平衡关系，形态表现得十分明确并井然有序［图 2-1-21（b）］。

（3）回转：是在反射或移动的基础上，将基本形进行一定角度的转动，从而增强形象的变化，这种构成形式表现为垂直、倾斜或水平的对比。回转可分为水平面的回转和立体空间的回转［图 2-1-21（c）］。

（4）扩大：是扩大其部分基本形形成大小对比的变化，使其形象既有变化，又达到平衡的效果，此变化易产生动力感［图 2-1-21（d）］。

混合使用：在构成设计中，上述 4 种基本形式通常表现为两种以上形式的结合，这样构成的图形可达到丰富而有变化的效果。

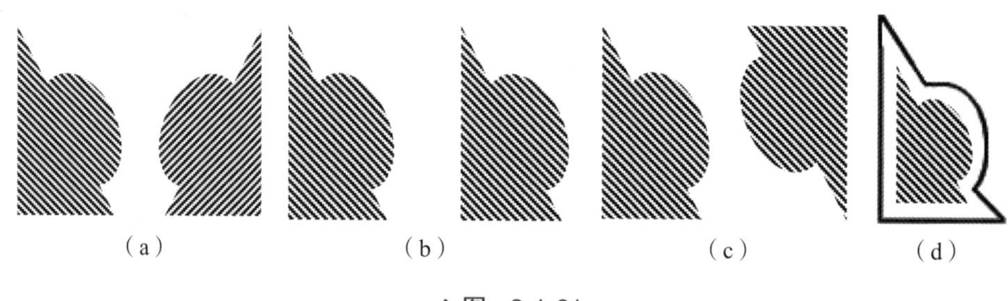

（a）（b）（c）（d）

❖ 图 2-1-21

3. 点的平衡构成

一件好的作品，平衡关系是首先要考虑的因素之一，我们必须保持其总体的平衡，不平衡状态是不安定的，在视觉上会给人不舒服的感觉。但在一个完美的作品中，我们还应注意到其他美的因素，例如，整体外形的变化，疏密关系的处理，以及节奏、韵律等。

1）画面中一点所处的最佳位置

（1）点的位置在画面正中，稳定性好，但过于呆板，缺少变化［图 2-1-22（a）］。

（2）点在画面偏左下，平衡关系较差，画面空间显得过大，看起来乏味［图 2-1-22（b）］。

（3）点的位置居于画面中部偏侧，既感到稳定，又富有变化，系最佳［图 2-1-22（c）］。

（4）点重心所处位置如下。

重心偏下：稳定感好，但有下沉感，有些呆板
重心偏上：给人感觉稍欠安定
中央部位或中间偏上：既稳定又有变化，最佳

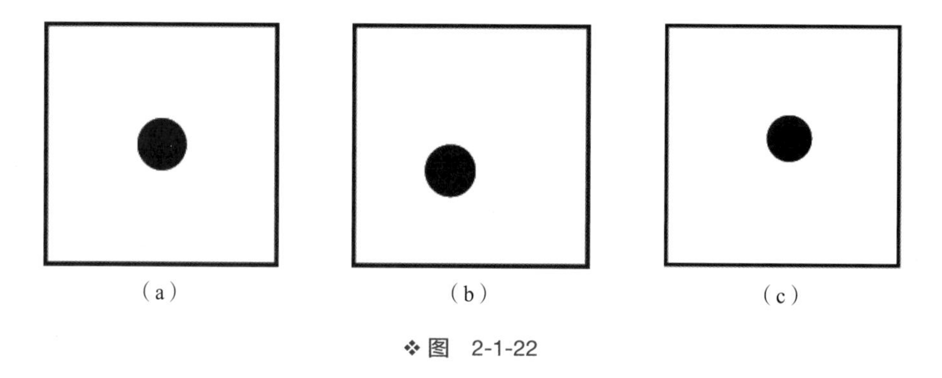

（a）（b）（c）

❖ 图 2-1-22

2）有规则的点的构成

有规则的点的构成可以显示出一种具有律动感的美（图 2-1-23~图 2-1-25）。

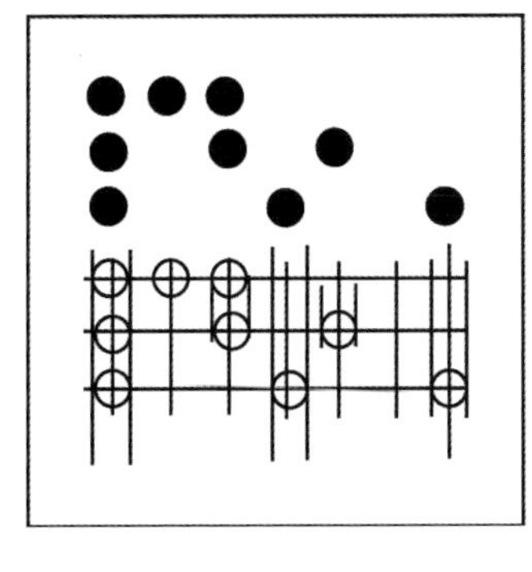

❖图 2-1-23

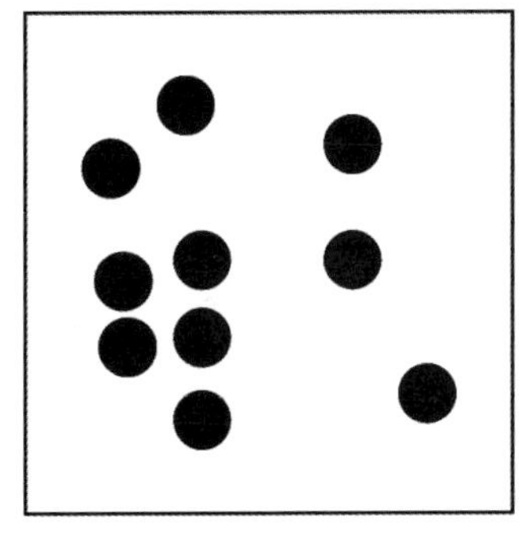

❖图 2-1-24

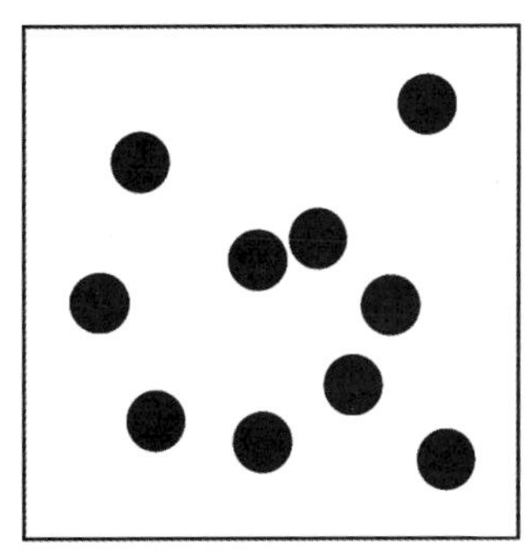

❖图 2-1-25

3）点的自由构成

点的自由构成是以点为基础，按照每个作者不同的设计意图，有意识地进行自由排列。这种构成形式能充分表现个性，构成时须注意主次关系，既要有重心，又要有陪衬呼应关系，在空间上，就适当安排疏密的变化（图 2-1-26~图 2-1-28）。

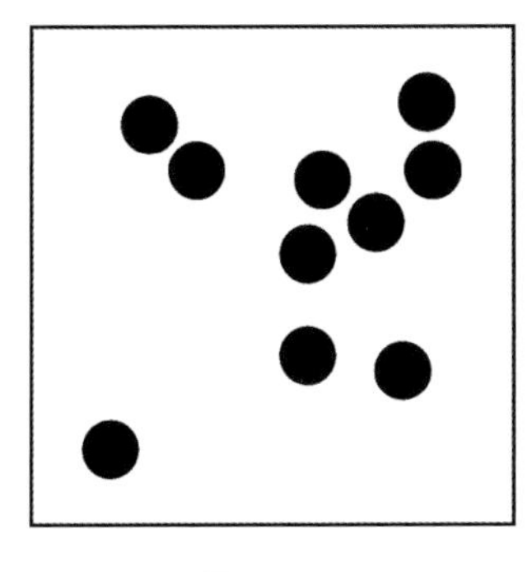

❖图 2-1-26

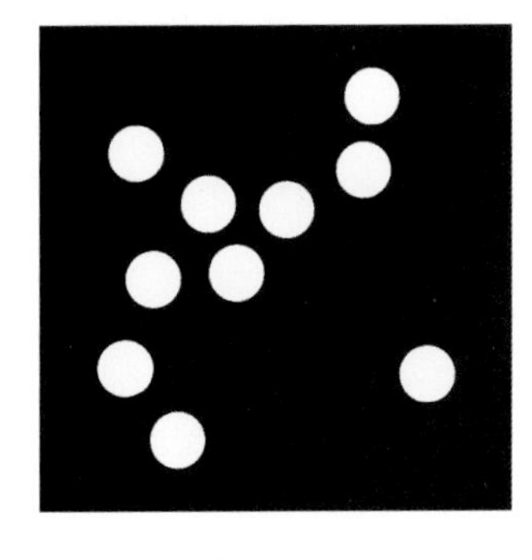

❖图 2-1-27

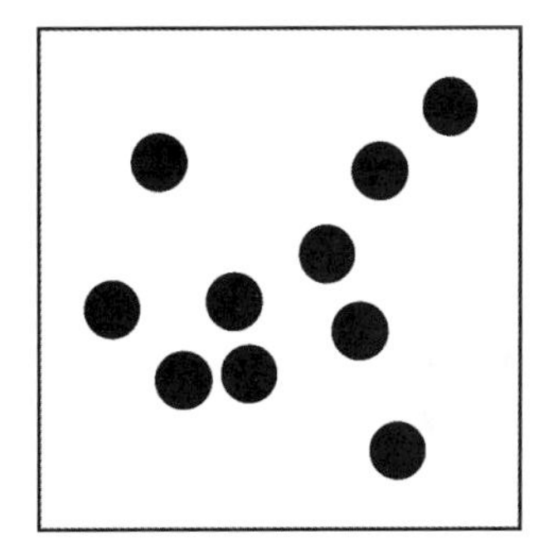

❖图 2-1-28

4）注意事项

（1）在形式美的要求上，除达到平衡稳定外，还应注意外形的变化。

（2）在整体形象上，避免形成一种拘谨的小集团式的图形，因为点在空间具有扩张性，所以在点的构成时，要将处在周围各点的位置内外穿插开，有些变化，使其外形活泼。

（3）点与点之间应避免等距离排列，形成主次，否则会使图形感到松散平淡。

（4）用散点起到联结作用。

（5）注意留有一定的空间，发挥点的张力，使图形呈现强烈的块面和疏密对比。

4. 点构成结合的实际应用

点构成结合的实际应用如图 2-1-29 海滩礁石的构成和图 2-1-30 建筑群的聚散构成。

❖图 2-1-29

❖图 2-1-30

5. 线的平衡构成

解决平衡的主要条件：通过线的长度、宽度以及它在画面中所形成的空间对比来完成。

一般情况下，重心的部位越接近画面中心，其安定感越好。调整画面的力动关系，可延长线的长度，适当增加力臂的作用，如果重心的主线过于靠近边框，力臂线无法延长，虽然稳定感较强，但画面会显得呆板。

构成方法：可用垂直水平直线构成，也可用倾斜线构成，或者用垂直、水平、倾斜与曲线或点相结合构成。

特点：一般采用水平、垂直线构成的图形较为稳重安定，加入倾斜线或曲线的构成，则增加动的因素。

1）线的有序构成

线的有序构成中，秩序是表现美感的重要因素。

在线构成中可用线的重复，也可以使其长度或间距采取有秩序的渐次变化，以增强画面的韵律美（图 2-1-31 和图 2-1-32）。

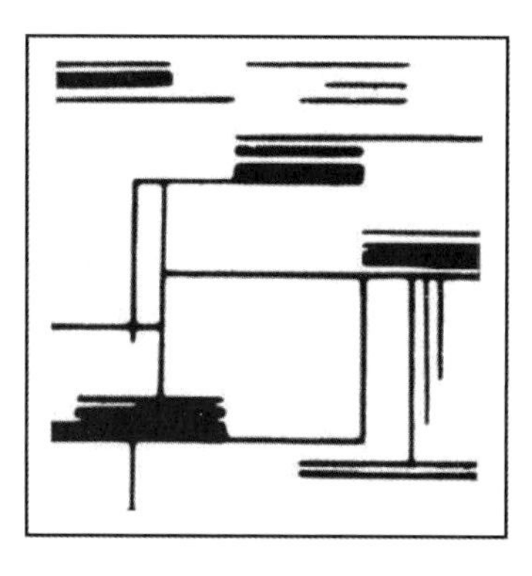

❖图 2-1-31

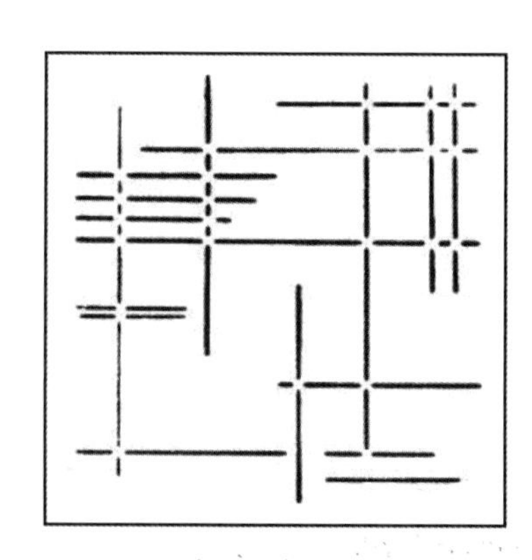

❖图 2-1-32

2）线的自由构成

用线的不同长度与距离，进行比较灵活的安排，在构成时除取得平衡效果外，要表现出线段长短的对比和线与线之间宽窄变化的对比。在整体外形上，要注意线的长短交错所形成的对比变化，在变化的同时，还要适当注意其秩序性，线群要有一定的重复（图 2-1-33 和图 2-1-34）。

3）直线与斜线相结合的构成

方法：垂直线与水平线有较强的安定感，而斜线则有动的感觉。

优点：两种直线相结合，会构成较为活泼的作品，但如果斜线变化太大，其倾斜角度各不相同，便会产生杂乱的感觉，所以，斜线的倾斜角度要尽可能取得统一，使线的方向形成一定的重复，效果较好。

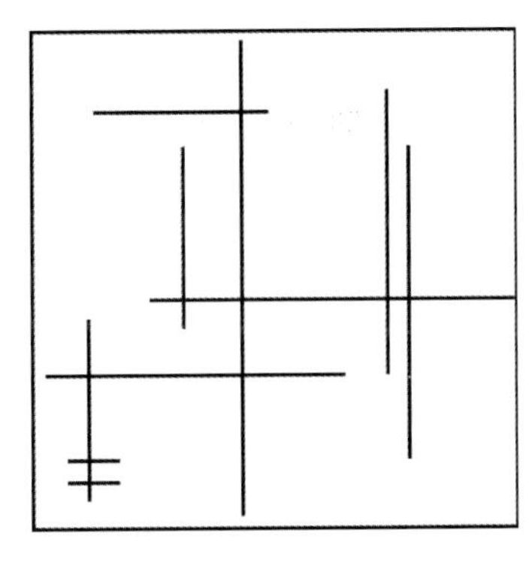

❖图 2-1-33

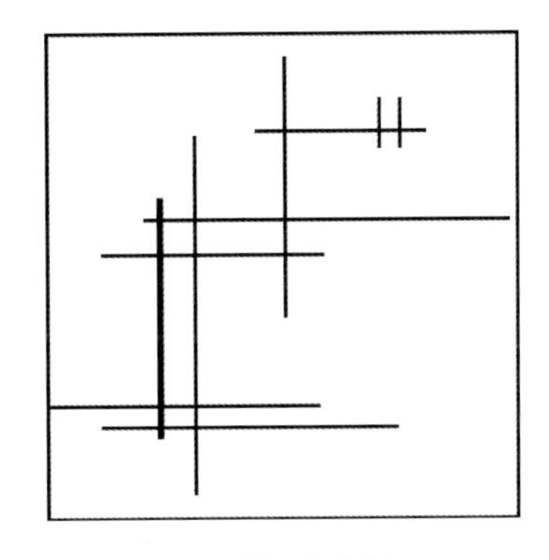

❖图 2-1-34

温馨提示

画面除平衡因素外，斜线起到了重要的活跃作用，通过不同长度和斜线间不同距离的对比，以及垂直、水平直线与斜线相交所成的角度而形成的重复，及其相类似的三角形的分布和相互呼应、富有节奏感，使画面构成比较生动活泼（图 2-1-35 和图 2-1-36）。

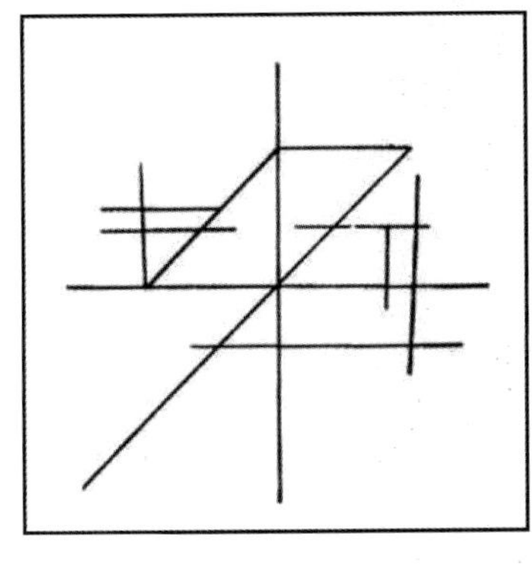

❖图 2-1-35

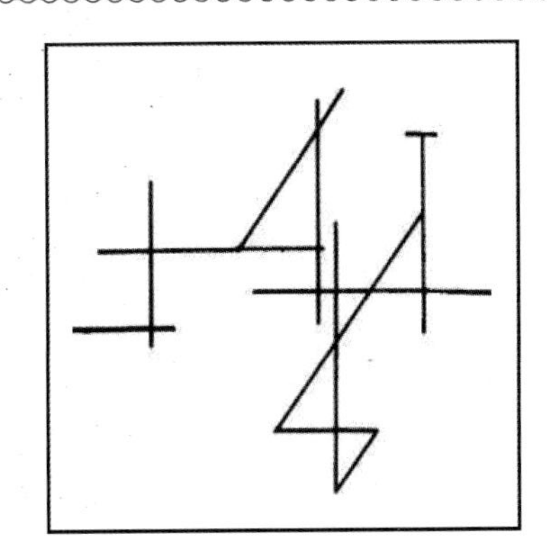

❖图 2-1-36

4）直线、斜线与点相结合的构成

优点：直线、斜线的构成再加入点的因素，使画面更加丰富而有变化，直线具有挺拔、安定的感觉，而带有一定面的性质的点比线更具有量感，在画面中可形成线块的对比。

方法：在构成中首先用线作骨格，然后用等大的点或大小不同的点，调整画面的平衡关系，点的分布要有聚有散，大小配合呼应，使作品富于变化（图 2-1-37～图 2-1-40）。

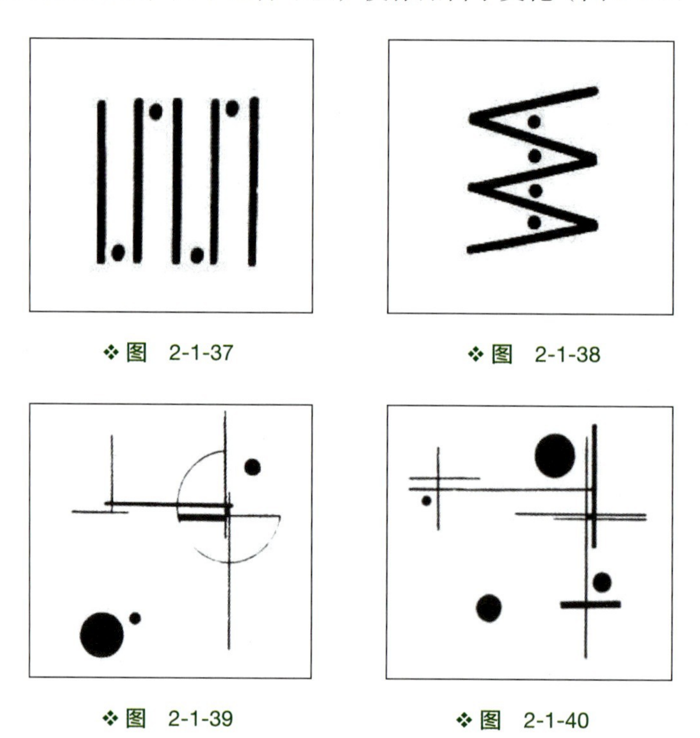

❖图　2-1-37

❖图　2-1-38

❖图　2-1-39

❖图　2-1-40

6. 线构成的实际应用

线构成的实际应用见图 2-1-41 海报设计应用。

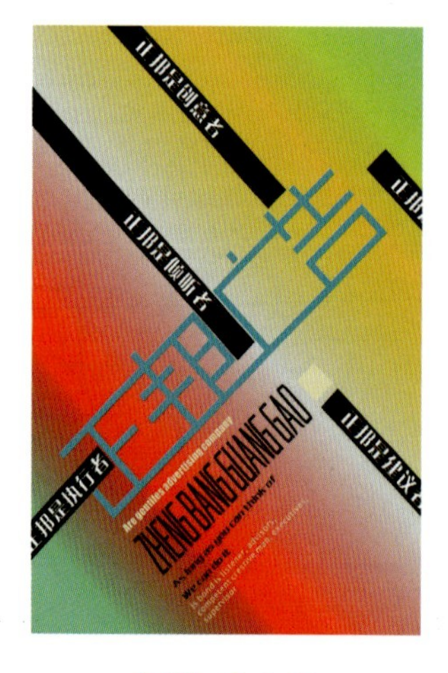

❖图　2-1-41

7. 点、线、面的实际应用

点、线、面的实际应用见图 2-1-42～图 2-1-44。

❖图 2-1-42

❖图 2-1-43

❖图 2-1-44

学生作业赏析

优秀学生作业见图 2-1-45～图 2-1-51。

❖图 2-1-45

❖图 2-1-46

❖图 2-1-47

❖图 2-1-48

❖图 2-1-49

❖图 2-1-50

❖图 2-1-51

2.2 平面构成的骨格框架表现形式

2.2.1 重复的表现形式

重复构成属于平面构成的范畴，平面构成的原理已广泛地应用于工业造型设计、建筑设计、商业美术设计、染织美术设计以及舞台美术设计中。

什么叫作重复？重复就是相同或近似的形象反复排列。它的特征就是形象的连续性（图 2-2-1）。

任何事物的发展都具有一种秩序性，秩序是表现美感的重要因素。人们把这种秩序美加以集中和夸张，便能更加突出美的效果，即有两个以上的同一因素连续排列成一个整体，使人感到井然有序。

例如，在军事检阅中的方队，每行每列的人数相等，服装一致，动作整齐，显示出人民解放军威武雄壮的军容。它反映到人们的头脑里，便产生一种壮观的美感。

除此之外，在形象构成上，打破其横竖重复的排列格式，组成具有独立存在的完整图形，便可构成各种标志、符号类的设计作品。这种表现形式可称为群化。群化是一种特殊的重复形式。基本形的群化构成见图 2-2-2。

❖图　2-2-1

❖图　2-2-2

1. 重复骨格

在设计构图时，首先要确立骨格。骨格是构成图形的骨架和格式，在重复构成中骨格支配着构成单元的排列方法，它可以决定每个组成单位的距离和空间。

骨格是重复构成中为安排重复的基本形而设计的。骨格设计应该是重复构成中的框架主体，它管辖并支配各类基本形的位置，也是画面的一种分割形式。

骨格可分为规律性骨格与非规律性骨格。

规律性骨格是按照数学方式有秩序地排列，如重复、近似、渐变、发射等；非规律性骨格是比较自由的构成，有很大的随意性，如密集、对比、变异等。规律性骨格又分为作用性骨格与无作用性骨格。

作用性骨格：即每个单元的基本形必须控制在骨格线内，在固定的空间内，按整体形象的需要去安排基本形（图 2-2-3）。

无作用性骨格：是将基本形安排在骨格线的交点上，骨格线的交点就是基本形之间的中心距离。无作用性骨格的表现方法主要靠基本形大小不同，所形成的疏密关系的变化，通过密度大的暗色，将密度小的亮色衬托出来，着重表现渐变效果，使画面呈现较强的韵律感（图 2-2-4）。

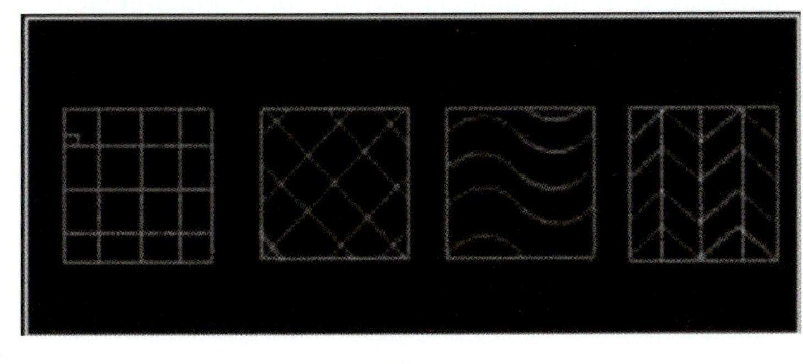

❖图 2-2-3

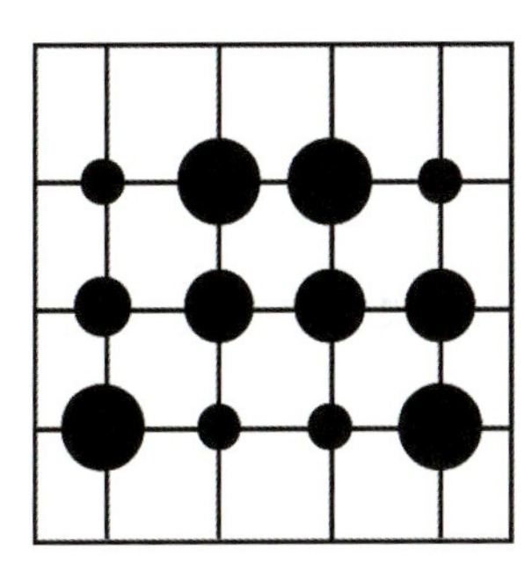

❖图 2-2-4

重复骨格即用相同的骨格，进行排列的方法。

2. 基本形

基本形是重复构成中的形象主体，从最简单的基本形态要素到比较复杂的图形都可以称为基本形。当然，基本形不能设计得很复杂，在重复构成中的基本形象只能成为整体形象的一部分，不能过分地突出基本形，所以，一般以简单明确为主。

基本形是构成图形的基本单位，即构成重复骨格的基本单位，构成以后上、下、左、右都要相互连接，易于形成一个连续的、新的图形（图 2-2-5）。

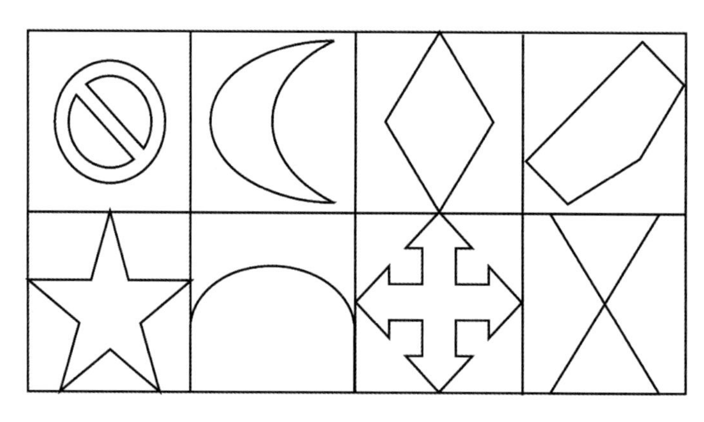

❖图　2-2-5

在基本形设计中可以运用几何切割的方法，即将基本形按一定的方法进行切割，改变其原有形态，产生新的形态。几何形切割能将原基本形分解成完全不同的两种或两种以上的形态。新的形态的产生会造成各自形态在视觉生动程度上的差异。有许多基本形是通过小的几何形交叠而产生的，在基本形的重复排列中也可以运用交叠的方式。

交叠有以下几种情况（图 2-2-6）。

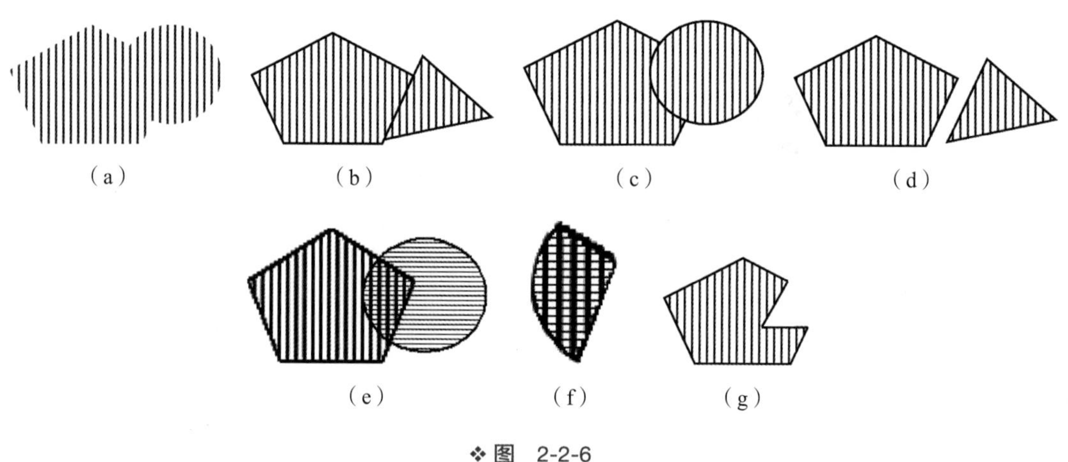

❖图　2-2-6

（1）联合。两个明度与色彩相同的基本形相叠，联合后成为一个新的形体［图 2-2-6（a）］。

（2）相接。两个基本形相接在一起，保持原来的基本形态，有联合的视觉效果［图 2-2-6（b）］。

（3）复叠。一个基本形叠在另一个基本形之上，一个基本形处于被叠状态，但在视觉上仍然保持着完整性；另一个基本形叠在上面，保持自身形态的完整性［图 2-2-6（c）］。

（4）分离。基本形与基本形不相接，有间隔空间［图 2-2-6（d）］。

（5）透叠。两个基本形复叠后，其复叠面运用透明处理，使各自的形象具有完整性。

透叠可以使空间关系产生模糊性，产生色彩变化，有透明感［图 2-2-6（e）］。

（6）差叠。两个基本形相叠，将不相叠的部分隐去，只现出相叠的部分，产生了新的形象［图 2-2-6（f）］。

（7）减缺。两个基本形相叠，叠在前面的基本形不可见，可见的只是后面的被减缺的基本形［图 2-2-6（g）］。

除以上介绍的方法外，当两个或两个以上的基本几何形相重叠塑造基本形时，还可以通过几何形的正负变化产生更多的视觉形象。

温馨提示

基本形设计时要注意以下几点。

（1）对于重复骨格重复基本形而言，由于构成的方式多种多样，形象也千变万化，非常丰富，所以我们在设计基本形时，应尽量简练。繁杂的基本形构成所形成的图形，往往容易烦琐、效果不好。

（2）由于图形的相互连接，因此，在设计基本形时，要考虑到格线之间的衔接关系，基本形的分割线可占 1/2、1/3 或整边，无比例的任意分割，当基本形衔接时，会出现许多交错的小角，使人感到繁杂琐碎。

3. 重复骨格重复基本形

在设计中将同一基本形反复使用，且其排列格式也采取重复的形式，称为重复骨格重复基本形。这种表现形式所构成的图形具有很强的秩序性和统一性。在构成时，可根据形象的需要，安排正形或负形；在方向上可以向上，也可以向下或向左、向右，中间也可以有空格，等等。

重复骨格重复基本形的特点如下。

（1）骨格线的距离相等，给基本形在方向和位置的变换提供了条件，可以进行多种方法的变化。

（2）这种表现形式所构成的图形具有很强的秩序性和统一性。

（3）其整体效果既统一又有变化，正形和负形所形成的新图形达到较完美的效果。

（4）这种韵律的形式，主要靠各种骨格形式所产生的动势。

（5）力求形象间的重复和有秩序的穿插关系。

重复骨格重复基本形的排列方法如下。

1）基本形的重复排列

基本形的重复排列是重复构成中最基本的表现形式，即同一基本形按一定方向连续并置排列。这种排列方法简单也单调，故基本形可设计得充实一些（图 2-2-7）。

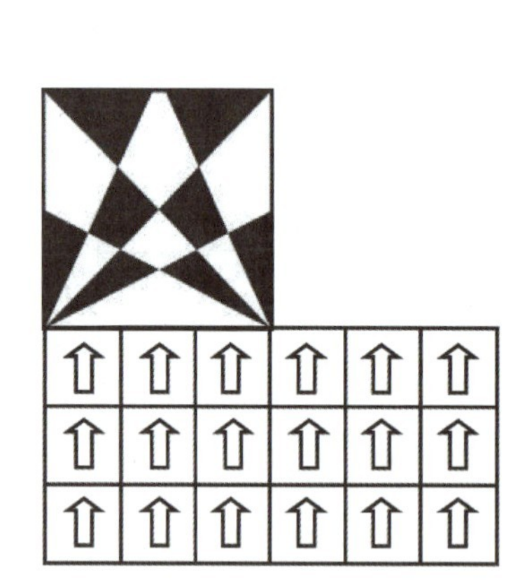

❖图 2-2-7

2）重复基本形正负交替排列

同一基本形在左、右和上、下的位置上，正形和负形交替变换，增强黑白对比并产生画面的变化（图 2-2-8）。

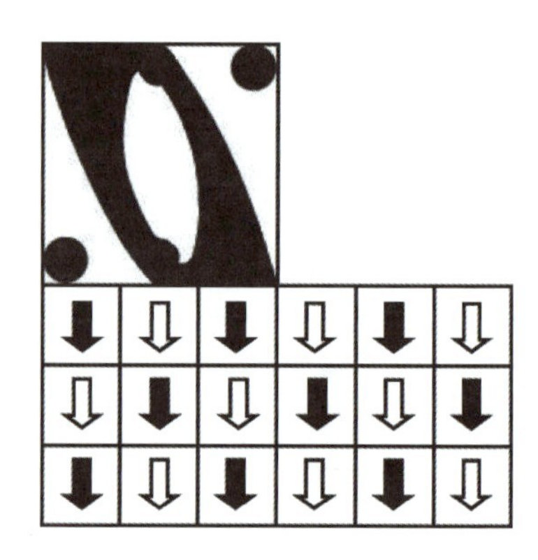

❖图 2-2-8

3）重复基本形在方向上变换

重复基本形在方向上进行横、竖或上、下变换，其效果具有较强的秩序感（图 2-2-9）。

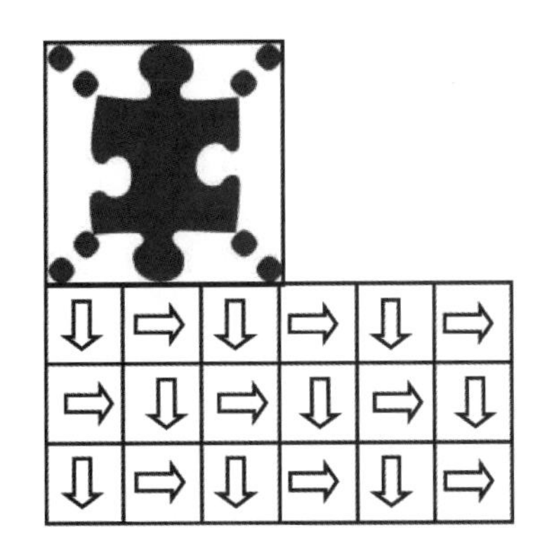

❖图 2-2-9

4）重复基本形的单元反复排列

重复基本形的单元反复排列是将基本形在方向上按照一定的秩序对一个单元进行反复排列，排列后有些图形会有旋转的动势，画面较为整齐活泼（图 2-2-10）。

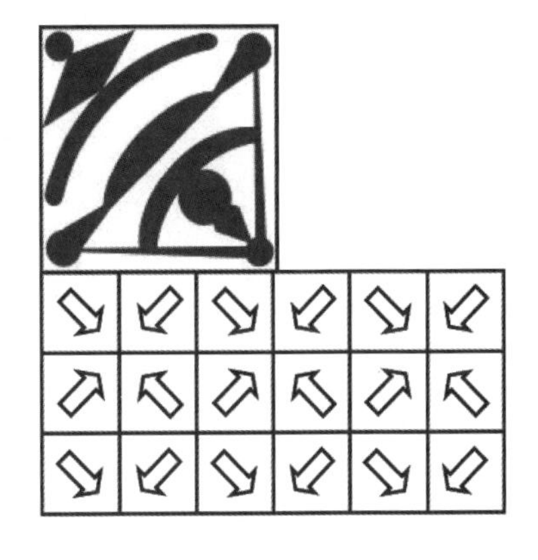

❖图 2-2-10

5）重复基本形单元间空格反复排列

重复基本形单元间空格反复排列能使画面中间产生一定的空间对比，效果较为活泼，有秩序的空格是指在一个单元与一个单元之间空出一格，增强其空间疏密关系的对比，并可形成有规则的空间分布（图 2-2-11）。

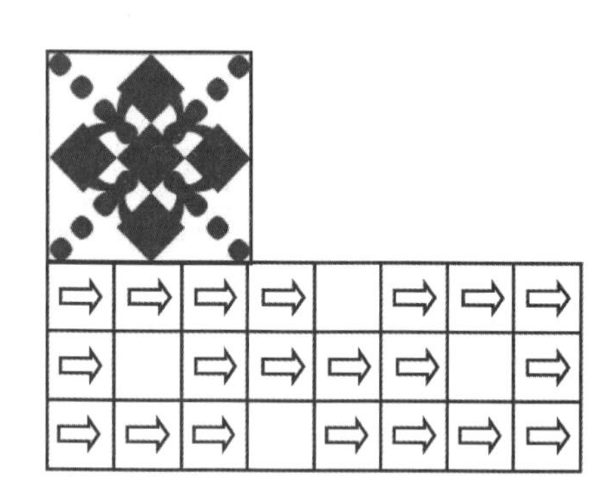

❖图 2-2-11

6）重复基本形的错位排列

为了增强基本形的构成变化，有时在次行上进行有秩序的错位排列，使基本形排列有穿插而且整齐，斜向成行，秩序感较强（图 2-2-12）。

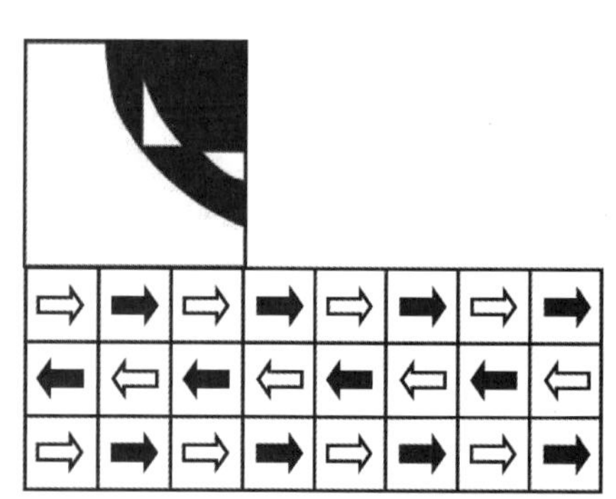

❖图 2-2-12

7）基本形局部群化排列

基本形局部群化排列是在整个画面中，集中若干个基本形，构成带有独立性的群化图形，其他基本形围绕这些群化图形进行排列。这种构成方法使人感到画面完整，其整体构成关系呈现对称或平衡形式（图 2-2-13）。

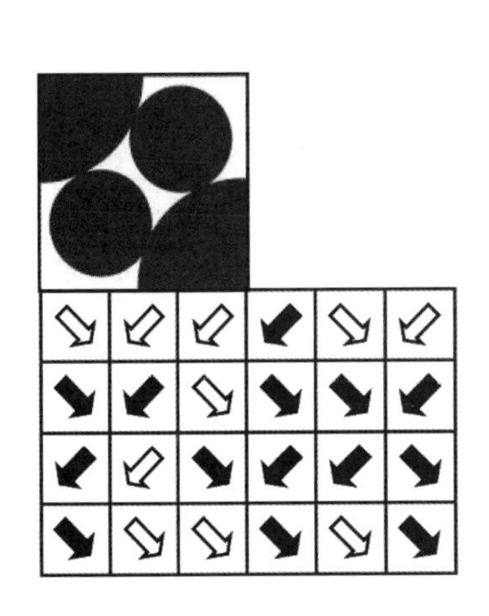
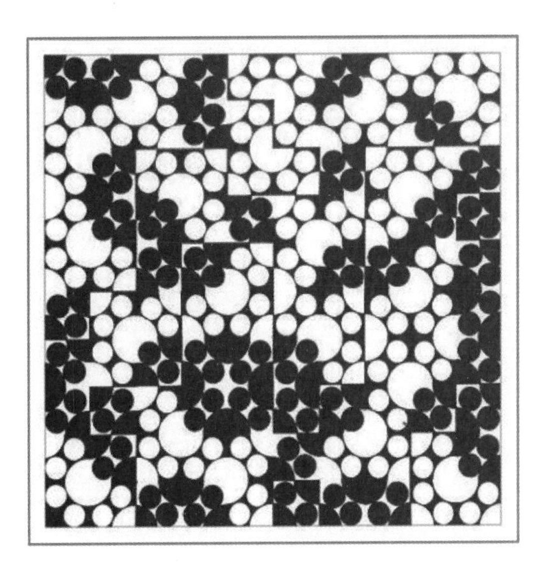

❖图　2-2-13

8）基本形交错重叠排列

基本形交错重叠排列是将基本形串在一起交错排列，这种构成的基本形不拘一格，长短可适当变化，其动感和韵律感都很强。当一个基本形交叠于另一个基本形上，就产生了互相之间的安排问题：是复叠，透叠，联合，还是减缺？方式不同，产生的视觉效果也就不一样。

9）自有排列构成

自有排列构成方式大多采用正方形格式为基本骨格，不受其方向秩序的限制，按照骨格线所确定的格位，按上、下、左、右等方向自由安排。由于基本形与其周围的形象自由衔接，所构成的图形也是千变万化，故其效果较为灵活，但易琐碎、散乱，故可视其正形和负形的关系，从整体看形象变化多样，空间分布平衡、关系较好、避免形成过大面积的正形或负形而产生呆板感（图 2-2-14 和图 2-2-15）。

❖图　2-2-14

❖图　2-2-15

4. 重复骨格近似基本形的构成

重复骨格近似基本形是在构成时将前面所讲述的重复骨格和基本形经过一些变化，使其大体效果相同。而每个格位的具体形象加以局部的变化，整体统一，各基本形可不完全一样（图 2-2-16~图 2-2-18）。

❖图 2-2-16

❖图 2-2-17

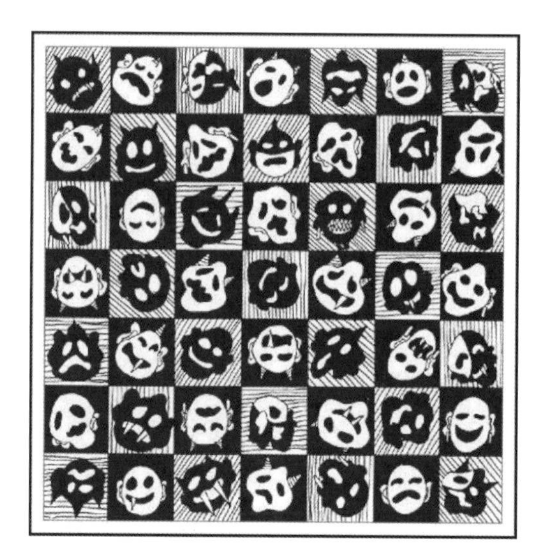

❖图 2-2-18

5. 重复骨格构成的应用

重复骨格构成是表现重复美的一种主要形式，在现实生活中应用非常广泛。但在实际应用时，其构成方法往往都是几种形式结合使用。有些作品按构成图形的需要，将重复骨格作为设计的主要格式（图 2-2-19~图 2-2-24）。

❖图 2-2-19

❖图 2-2-20

❖图 2-2-21

❖图 2-2-22

❖图 2-2-23

❖图 2-2-24

学生作业赏析

优秀学生作业见图 2-2-25～图 2-2-37。

❖图 2-2-25

❖图 2-2-26

❖图 2-2-27

❖图 2-2-28

❖图 2-2-29

❖图 2-2-30

❖图 2-2-31

❖图 2-2-32

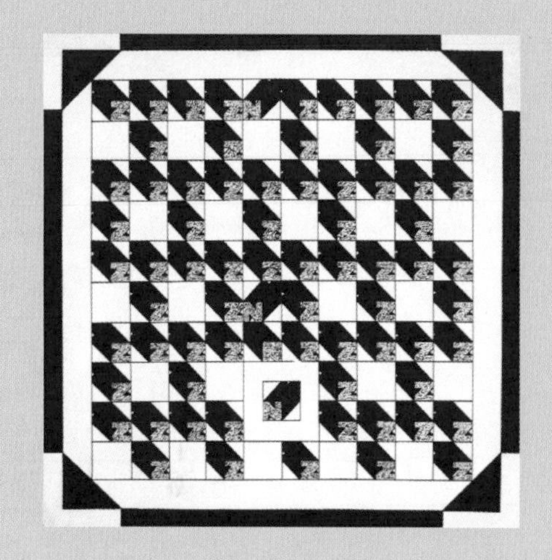

❖图 2-2-33

❖图 2-2-34

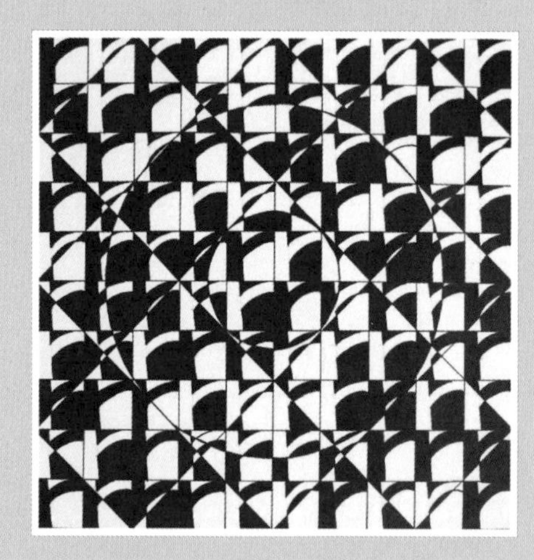

❖图 2-2-35

❖图 2-2-36

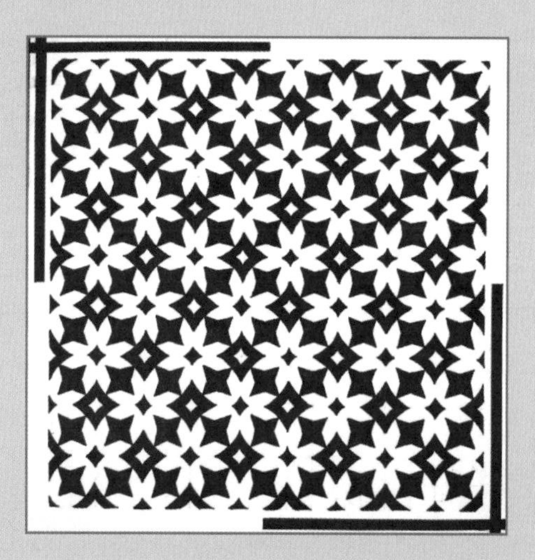

❖图 2-2-37

2.2.2 重复基本形的群化构成

群化是重复基本形构成的一种特殊表现形式，它不像一般重复构成那样四面连续发展，而是独立存在的。因此，它可作为标志、标识、符号等的设计手段。在现代社会中，许多商品的商标、活动指示标识以及公共场所的一些标志多以符号形式表达。它们有的采用具象图形来表现，有的采用抽象图形来表现。

1. 认识标志、符号

日常生活中有许多常见的标志，例如，“可口可乐”“上海大众”（图 2-2-38 和图 2-2-39）等。

❖图 2-2-38

❖图 2-2-39

1）作用

标志和符号是近代社会发展的产物，其目的是为了便于传达信息，具有发布命令和传达信息的权威性。生活中的许多领域都运用符号性质的图形去表达事物。

2）和群化构成的关系

在标识设计中，我们要求整个标识简明、大方、美观、醒目，而平面构成中的群化构成，正显示出它的设计精练、有力和具有符号的特征。

2. 群化构成的基本要领

群化构成的方法和设计规律如下。

（1）群化构成要求简练、醒目，设计基本形时数量不宜太多、太复杂。基本形的群化构成要紧凑、严密，相互之间可以交错、重叠和透叠。

（2）注重构图中的平衡和稳定。

（3）基本形要简练、概括，避免琐碎。

（4）群化图形的构成要完美、美观，应注重外形的整体效果。

3. 构成形式

1）基本形的对称或旋转放射式排列

基本形的对称或旋转放射式排列，可选用多个形，相互交错或放射，形成一种环形旋转对称的图形（图 2-2-40 和图 2-2-41）。例如，日本三菱公司的标志（图 2-2-42）。

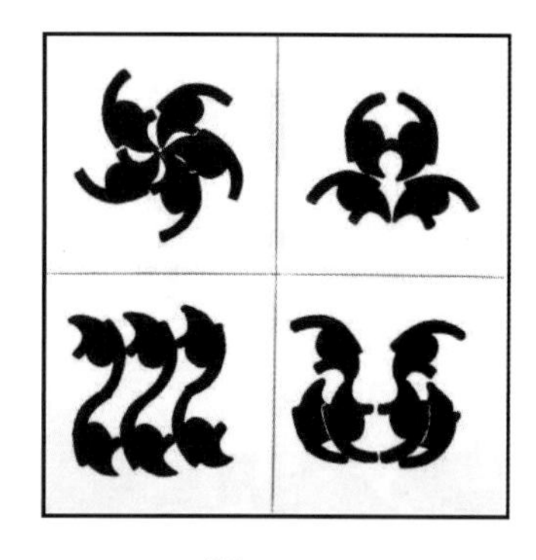

❖图 2-2-40

❖图 2-2-41

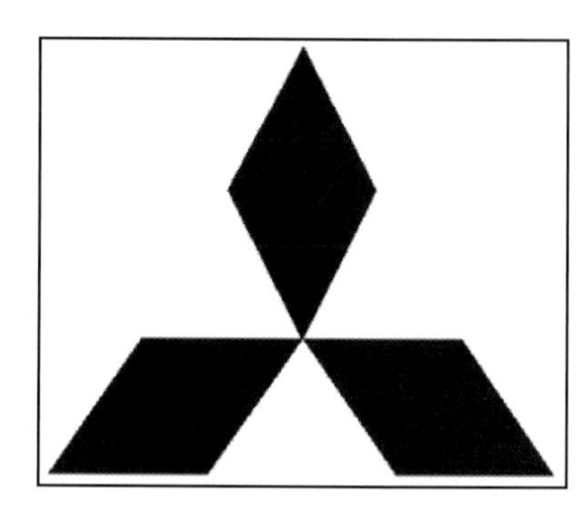

❖图 2-2-42

2）基本形的平行对称排列

在方向和位置上，可采取反射、移动或回转的形式构成对称的图形（图 2-2-43 和图 2-2-44），有时也可重叠、透叠或交错。

3）多方向的自由排列

多方向的自由排列可采用对称、回转或移动，也可以采取不对称的自由排列（图 2-2-45），但必须注意其平衡关系，使图形效果稳定，造型完美。

❖图 2-2-43

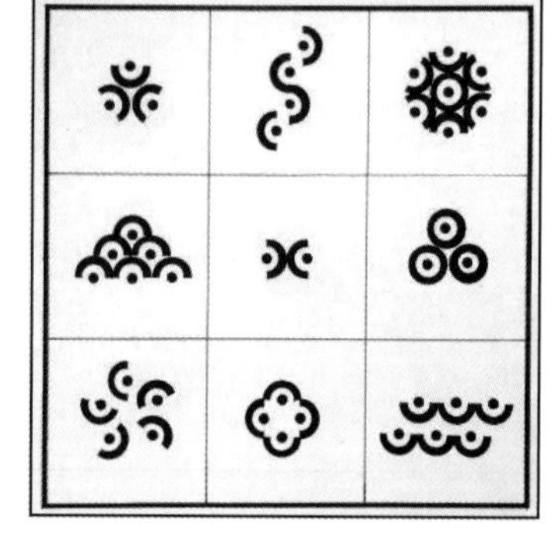

❖图 2-2-44

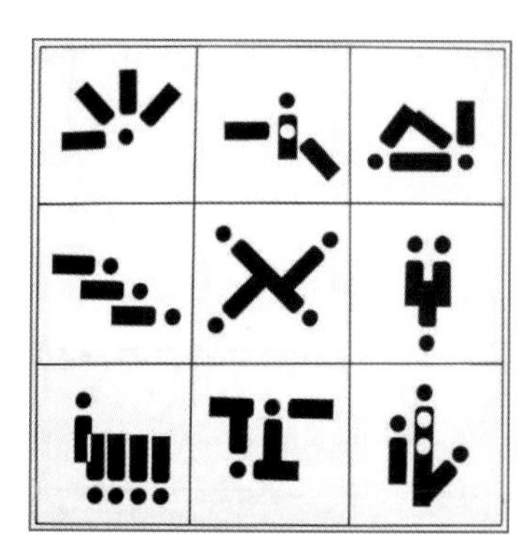

❖图 2-2-45

4. 形成群化的条件

（1）基本形邻近，有两个以上相同的因素（基本形）集中在一起，互相发生联系时，便可构成群化［图 2-2-46（a）］。

（2）基本形特征具有共同因素，能产生同一性［图 2-2-46（b）］。

（3）基本形排列的方向一致，会产生图形的连续性［图 2-2-46（c）］。

（4）在视觉经验中，习惯性的组合容易形成一个完整的图形，便于联系在一起而构成群化［图 2-2-46（d）］。

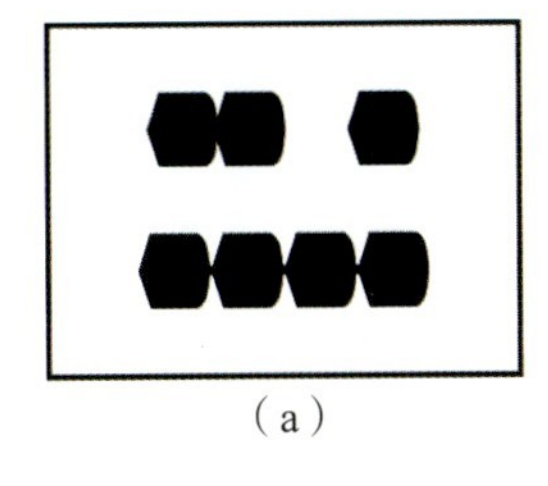
（a）

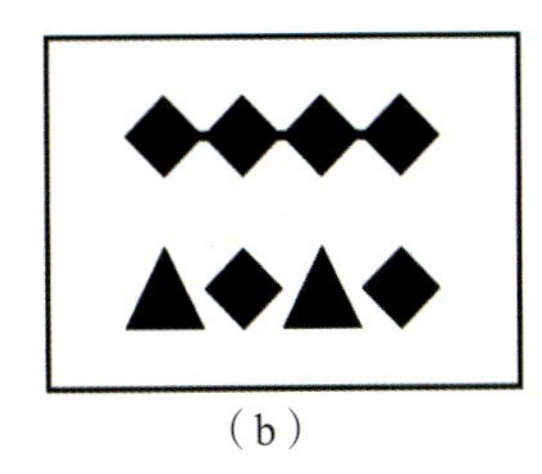
（b）

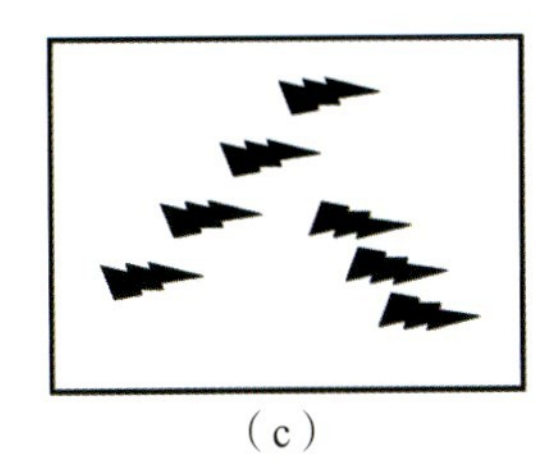
（c）

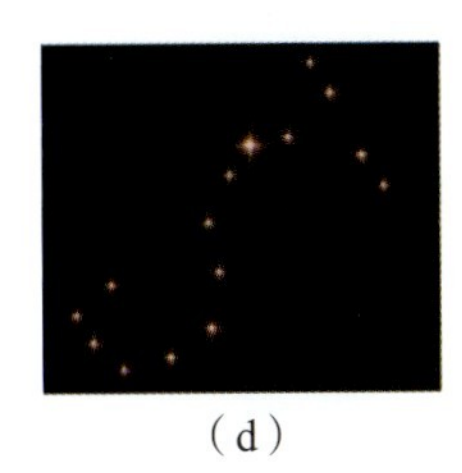
（d）

❖图 2-2-46

5. 群化构成的设计方法

在设计过程中，由于形态多变，我们很难在头脑中预想出群化构成最后的效果。为求得最佳方案，我们可以将设计好的基本形，剪下来若干个，然后在事先量好格位的纸上进行实际的排列构成，通过比较后，确定一个最佳方案。

6. 群化构成的实际应用

群化构成的实际应用见图 2-2-47 古建筑楼群中的群化设计应用和图 2-2-48 市政设施中的群化设计应用。

❖图 2-2-47

❖图 2-2-48

学生作业赏析

优秀学生作业见图 2-2-49~图 2-2-58。

❖图　2-2-49

❖图　2-2-50

❖图　2-2-51

❖图　2-2-52

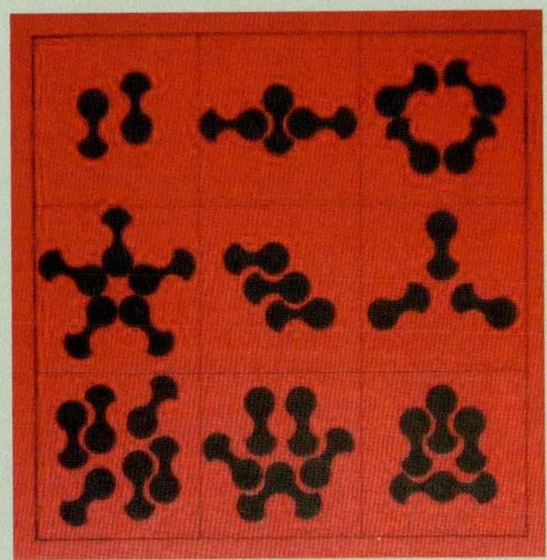
❖图　2-2-53

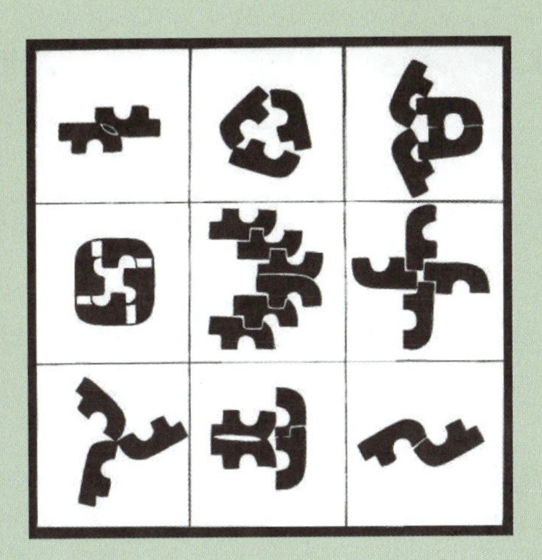
❖图　2-2-54

❖图　2-2-55

❖图　2-2-56

❖图　2-2-57

❖图　2-2-58

2.2.3 节奏、韵律创造与渐变、发射的设计

设计中的节奏和韵律是借用音乐用语，在平面构成中节奏韵律的特点是有一定的秩序性，即按照一定的比例，有规则地递增或递减，例如，树的年轮(图 2-2-59)并有一定阶段性的变化，形成富有律动感的形象，这种构成作品生机勃勃，有时还会呈现一种跃动的感觉，能给人以活力，增强视觉效果，提高人们的欣赏趣味。

❖图 2-2-59

其表现特征是把基本形反复连续排列，并且渐次地进行发展变化，也有的是由于放射形象所产生的渐次变化而形成的。

1. 渐变构成

渐变是指基本形或骨格逐渐地、有规律地循序变动，它能产生节奏感和韵律感。渐变是一种符合发展规律的自然现象。如自然界中物体近大远小的现象，夜晚马路的线与灯光的点构成几何形的透视网，霓虹灯的闪烁变化，动植物的生长过程，水中的涟漪由小变大等，这些都是有秩序的渐变现象。

渐变又称渐移，是以类似的基本形或骨格渐次、循序渐进地逐步变化，呈现一种有阶段性的、调和的秩序。例如，月亮的盈亏，声波的传递，水波的运动等(图 2-2-60)。

渐变分为大小渐变、间隔渐变、方向渐变、位置渐变、形象渐变、色相渐变、明度渐变、纯度渐变等。这些渐变现象在视觉效果上会产生三维的空间感，产生一种美感。但自然界中大多数现象仍属于单调的机械运动，需要艺术家加以整理、概括和提高，使美的因素更集中、更优美。

❖图 2-2-60

1）大小和间隔的渐变

（1）前面曾讲过，点、线在某些情况下，会给人造成一定程度的错觉，而一些错觉现象使得原本平面上的图案呈现出空间感，如图 2-2-61 和图 2-2-62 中点的大小变化由于偶然现象反映在人的大脑中，产生大点在前，小点在后的视觉效果，造成强烈的空间感和韵律感。

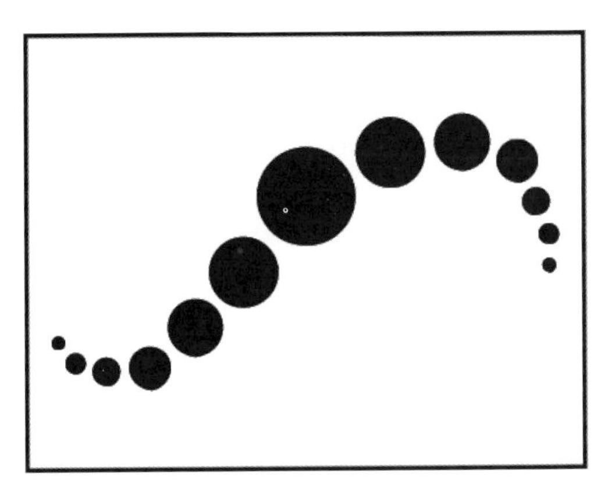

❖图 2-2-61

❖图 2-2-62

（2）当间隔按一定的比例渐次变化时，会产生不同的疏密关系，使画面呈现出明暗调子，即直线群在疏密间隔上的渐变。在直线群中，间隔变化所产生的明暗关系，表现了图形透视的规律，如图 2-2-63 在视觉效果上有圆柱体的感觉，其线的组合给人以韵律美的感染。

同样，我们也可以使线的间隔相等，而线的粗细进行变化或者两者一起发生变化，宽度由粗到细，间隔则相对地从小到大，如图 2-2-64 所示，这样会使画面更加丰富而有变化。

（3）图 2-2-65 和图 2-2-66 由线的粗细和间隔宽窄渐变构成作品，画面表现了直线形与几何曲线形三维空间，体现了鲜明的层次感和充分的韵律美。

❖图 2-2-63

❖图 2-2-64

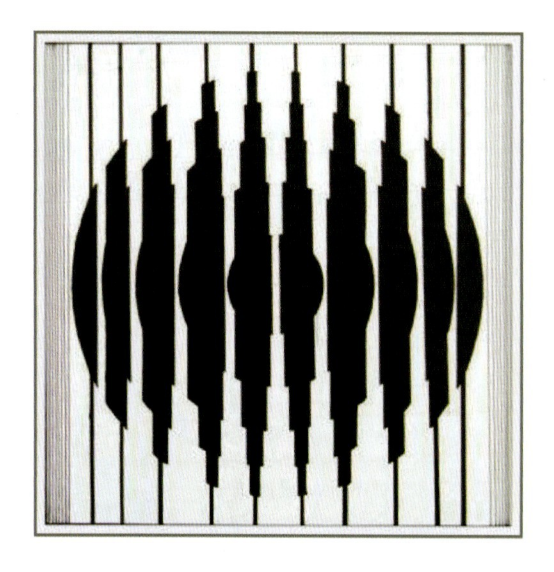

❖图 2-2-65

❖图 2-2-66

2）方向的渐变

点的方向渐变：点的排列方向不同，由正面渐次转向侧面，会产生较强的空间感。

排列成带状的点能表现出扭曲的形态（图 2-2-67）；构成圆球形的点群增强了圆球的透视效果，使圆球更为立体（图 2-2-68）。

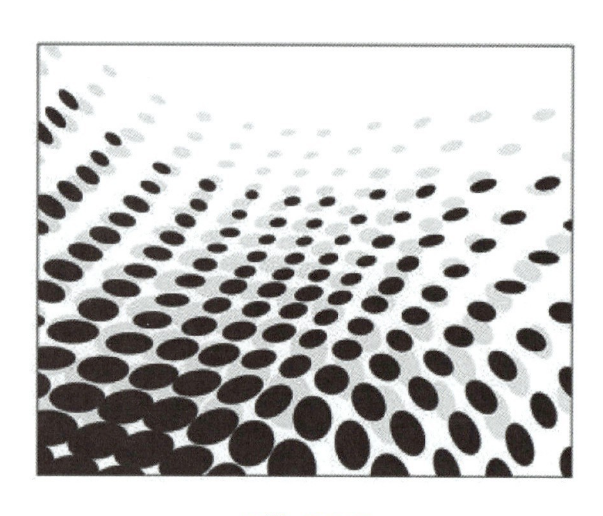

❖图 2-2-67

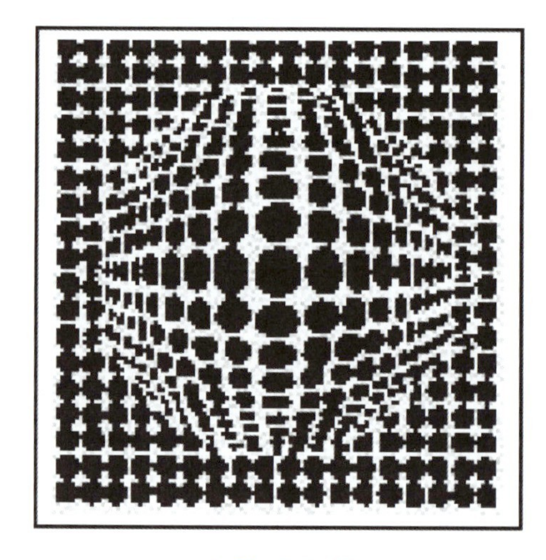

❖图 2-2-68

渐次改变线的方向可产生曲面的感觉（图 2-2-69）。

不规则的渐次变化，其形象会呈现高低起伏或扭曲的效果，见图 2-2-70，线群间隔从窄到宽的渐变使形体更加突出，产生强烈的空间效果，同时由于线群方向的渐变，使形体发生扭曲变化，层次更加鲜明，动感很强。

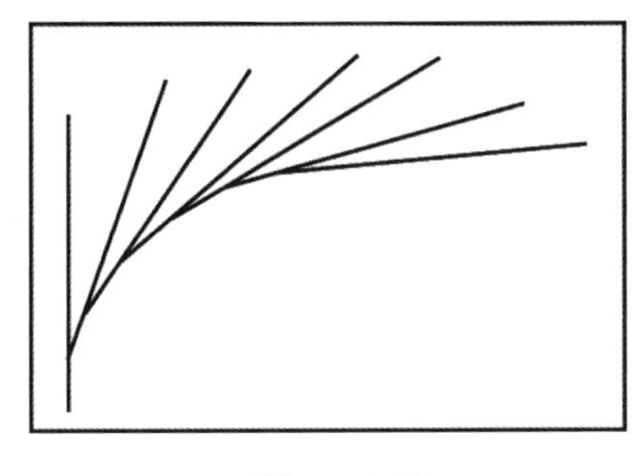

❖图 2-2-69

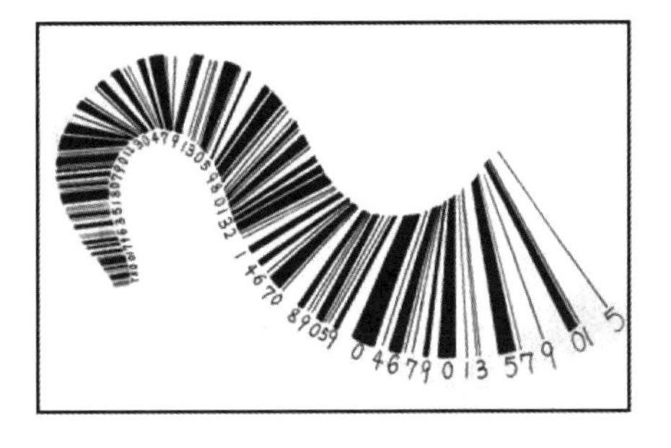

❖图 2-2-70

方向渐变这种构成形式较为活泼、丰富，具有较强的韵律美。

3）位置的渐变

位置的渐变是指在构成中一部分点或线改变位置，改变画面的构成格式，增强画面中动的因素，使作品更富于变化（图 2-2-71）。这种构成图形活泼自然，具有节奏的起伏，所呈现的图形是难以凭空想象的，具有偶然性，所以它是一种较为实用的造型方法。

4）形象的渐变

形象的渐变是指在一系列图形的构成中，为增强人们的欣赏情趣，有时采取一种形象逐渐过渡到另一种形象的手法（图 2-2-72），这种过渡过程就是形象渐变的过程。

❖图 2-2-71

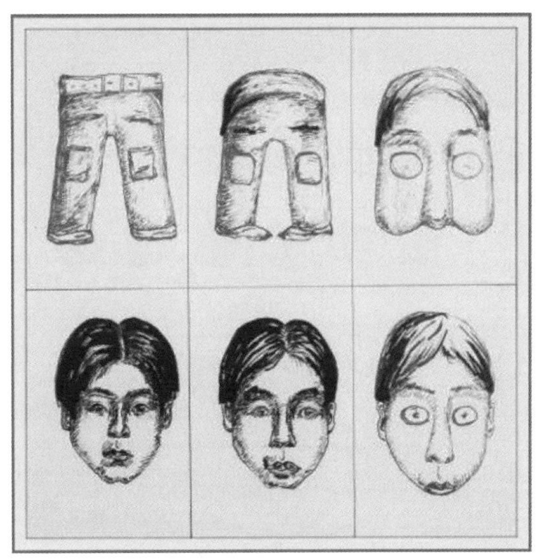

❖图 2-2-72

5）自然形态的渐变

在自然界中，等间隔或者不等间隔的点群、线群进行重叠，便可产生无数变化丰富的渐变图形，我们常通过一些现代技术来进行这种构成，如摄影、摄像等（图 2-2-73 和图 2-2-74）。

❖图 2-2-73

❖图 2-2-74

渐变构成的形式分为两种。

第一种，由骨格线的水平线、垂直线的宽窄和方向等的渐次变化取得渐变效果。

第二种，由基本形的渐变，如迁移、方向、大小、位置等和色彩的渐次变化而取得的效果（图 2-2-75）。

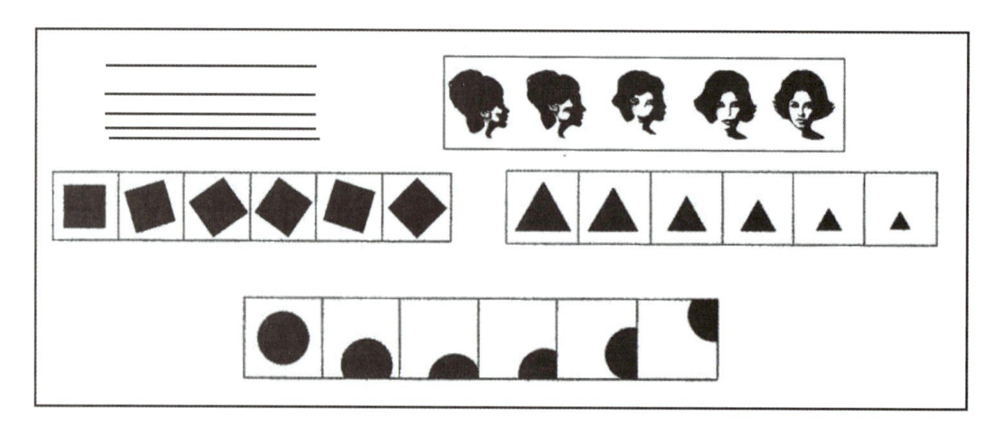

❖图 2-2-75

在构成形式中，既有骨格的渐变、基本形的渐变，还有可以不用基本形单用骨格线的渐变，也可以在重复骨格中容纳渐变基本形而取得渐变效果。

2. 发射构成

发射是基本形围绕一个中心，有如发光的光源那样向外发射所呈现的视觉现象（图 2-2-76）。

发射构成的表现特征：画面具有较强的渐变效果，有很强的韵律感，其骨格形式是一种重复的特殊表现形式，构成后有闪光效果，能给人以强烈的吸引力。

发射构成要素：发射中心或发射点（所有的发射骨格线都集中在上面），发射线的方向。

根据发射方向的不同，发射构成分为以下几类。

❖ 图 2-2-76

1）离心式发射

离心式发射是一种发射点在中央，发射线向外方向发射的一种构成形式。由于基本形不同，又可分为直线发射和曲线发射。

（1）直线发射是从发射中心以直线向外放射扩散的构成，包括单纯性构成和复合构成。直线发射（图 2-2-77）其发射线强而有力，有如闪电的效果。

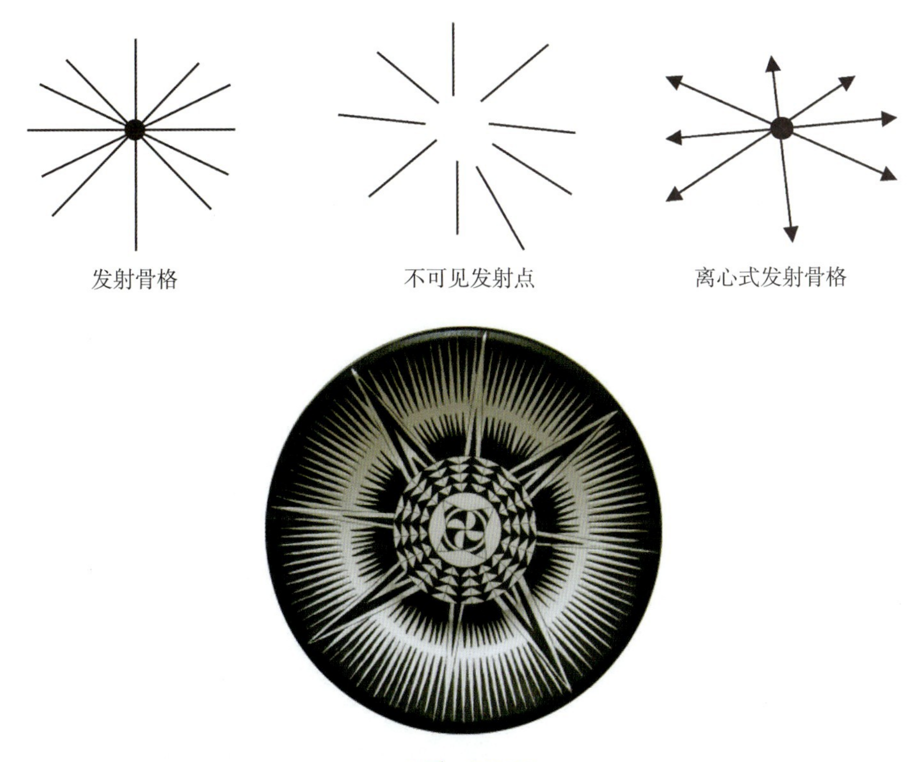

❖ 图 2-2-77

（2）曲线发射中由于发射线方向的渐次变化，能表现出曲线所具有的特征，其线的变化使人感到柔和、多样，并可达到旋转运动的效果（图 2-2-78）。

❖ 图　2-2-78

2）向心式发射

向心式发射是发射点在外部，从周围向中心发射的一种构成形式（图 2-2-79）。

3）同心式发射

发射点从一点开始逐渐扩展，如同心圆或类似方向的渐变扩散所形成的重复形。同心式发射由于其主要发射线都集中在一起，格式变动有较大的局限性，因此，在构成中可多种因素结合进行（图 2-2-80）。

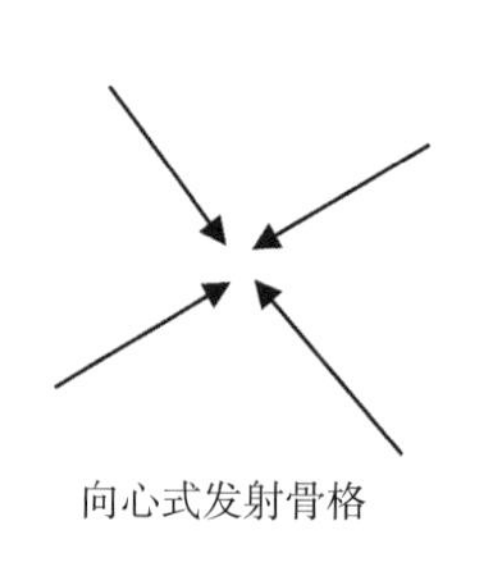

向心式发射骨格

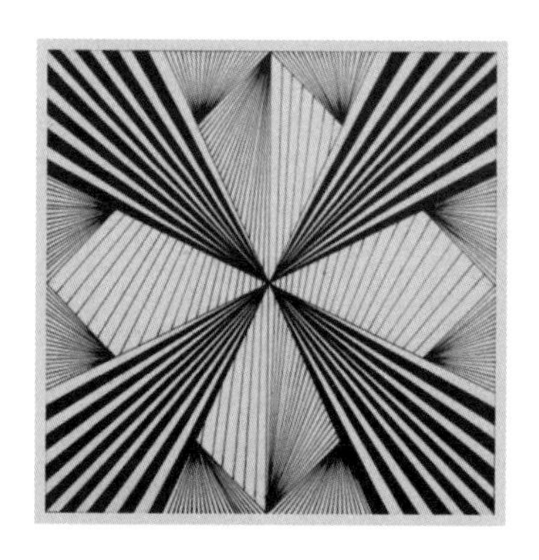

❖ 图　2-2-79

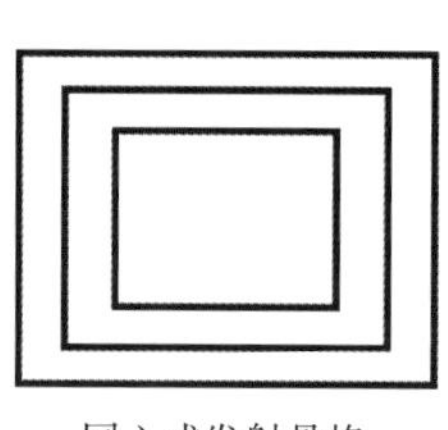

同心式发射骨格

❖ 图　2-2-80

4）移心式发射

移心式发射点根据图形的需要，按照一定的动势，有次序地渐次移动位置，形成有规则的变化。这种发射构成能表现出较强的空间感，并具有曲面的效果（图 2-2-81 和图 2-2-82）。

❖图 2-2-81

❖图 2-2-82

5）多心式发射

在一幅作品中，以数个点进行发射，有的是发射线互相衔接组成单纯性发射构成，这种构成效果具有明显的起伏状，空间感较强（图 2-2-83）。

❖图 2-2-83

3. 渐变、发射的实例应用

渐变、发射的实例应用见图 2-2-84~图 2-2-87。

❖ 图 2-2-84

❖ 图 2-2-85

❖ 图 2-2-86

❖ 图 2-2-87

学生作业赏析

优秀学生作业见图 2-2-88～图 2-2-99。

❖ 图　2-2-88

❖ 图　2-2-89

❖ 图　2-2-90

❖ 图　2-2-91

❖ 图　2-2-92

❖ 图　2-2-93

❖图 2-2-94

❖图 2-2-95

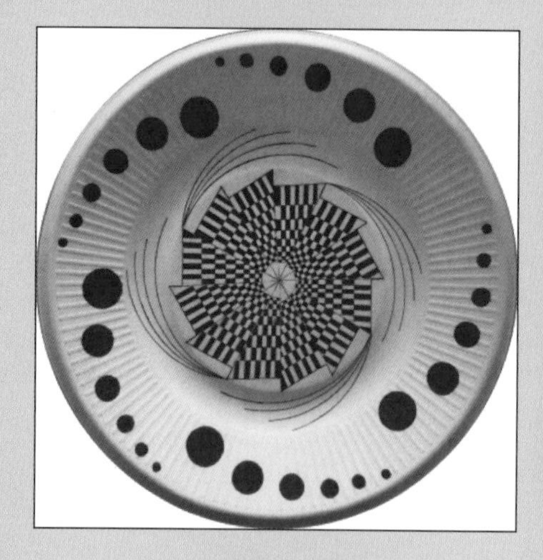

❖图 2-2-96

❖图 2-2-97

❖图 2-2-98

❖图 2-2-99

2.2.4 比较形式——对比与变化

仔细观察我们所生活的环境，有许多现象是以对立的形态存在的，如清晨与夜晚，动与静，严寒与酷暑，山川与河流，坚硬与柔软，等等。

利用对比的形态构成在视觉上的差异，通过形态的大小、疏密、虚实、异同、色彩和肌理等对比因素来构成画面，就是对比构成。

1. 对比的作用

对比是人们识别事物的主要方法。在设计中，运用对比的手法，可突出某种形象和内容在画面所产生的效果是变化。所以，对比率是构图中最活跃、最积极的形式之一。

2. 对比的形态

对比的形态体现在形、质、势 3 个方面。

形的方面：比如形的大小、形的方圆、形的曲直、形的位置，等等。

质的方面：比如形的粗细、形的轻重、形的刚柔、形的强弱，等等。

势的方面：比如形的聚散、形的动静、形的方向、形的重力，等等。

3. 对比的分类

（1）空间对比：在美术设计中，画面必须留有一定的空间才能增强其作品的深度感，才能突出主体，否则，会给人一种紧张的感觉（图 2-2-100）。

画面中形象所占的空间与形象以外的空间会形成一种明显的视觉对比，如果形所占的空间太大，周围的空间势必太小，画面就有充塞感，对比就不成立了。

中国画的空间处理讲究“密不透风，疏能跑马”，非常形象地阐明了空间的对比关系。

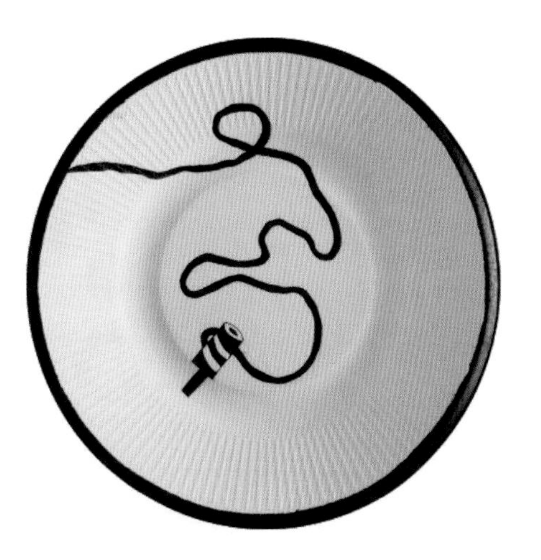

❖ 图 2-2-100

（2）聚散对比：即密集的图形与松散的空间所构成的对比关系（图 2-2-101），是每件作品必须处理好的问题之一。要处理好画面中的聚散关系，必须安排好主体形象与次要形象之间的关系，对形象的密集程度以及形象密集后的整体效果、对形象密集区与疏散形象之间的呼应、疏散形象的位置等给予恰当的安排，使主次分明、聚散呼应、穿插得当。

布局应考虑以下因素。

① 要有主要的密集点和次要的密集点，以及第三、第四等的观察顺序。

② 密集点可以以点为中心，也可以以线为中心，要处理好密集构成的外形，既能使人感到完整，又要使密集图形互有穿插变化。

③ 主要密集点与次要密集点之间要有一定的联系，使各形象之间有一定的呼应。

④ 密集形象的运动发展要形成一定的节奏感和韵律感。

❖图 2-2-101

（3）大小对比：大小对比较容易表现出画面的主次关系，在设计中比较主要的内容和比较突出的形象一般都处理得较大些（图 2-2-102）。

大小对比的共同特点：突出大的形象为主要部分，同时，又有些重复或类似的小的形象与其呼应，使画面布局表现出一种重复美，在整体上较为生动、活泼。

（4）曲直对比：无论线的曲直还是面的曲直，都各具个性（图 2-2-103）。过多的曲线会造成不安定的感觉，过多的水平线或垂直线会显得呆板，因此，需恰当运用曲直对比。利用各种形态曲直之间的对比，能使画面产生明显的空间变化。

❖图 2-2-102

❖图 2-2-103

（5）方向对比：在任何画面的构图中都要避免单一方向的形态，因为这样可能引起画面的失衡和呆板。凡是带有方向性的形象，都必须处理好方向的关系（图 2-2-104）。在构成对比中，既不能使对比力完全平衡，也不能让反方向的力丧失应该具有的作用。

（6）明暗对比：画面的黑、白、灰关系与素描一样，是相互制约、相互依赖的。在设计作品时，必须注意黑、白、灰的对比关系（图 2-2-105），在画面中，既要有一定比重的重色块，又要有一定面积的白色块或亮色块，这样才能使作品的色调丰富和明快，而线群的排列仅能起到灰色块的效果。

❖图 2-2-104

❖图 2-2-105

4. 对比构成需要掌握的要点

（1）首先要处理好全画面的统筹安排，使画面中心安排在较好的位置，画面的布局要充实、丰满，避免偏集在某个角落，或平均分布。同时，要避免在整体外形上过于拘谨，造成小集团式的图形。

（2）画面各部分的组成要有主次，应有主要和次要的密集中心。

（3）各密集点本身必须有疏密变化。

（4）画面中心要有点、线、面的对比，要有一定比例的重色块和亮色块，对于裸露在外面过长的线，应适当以点、线、形加以断开进行重叠或透叠等，以增加其变化。

（5）结合具体的作品形，要尽可能加以概括抽象，使形象具有一定的量感，避免过于烦琐和细微的变化。

5. 对比构成作品实例

对比在画面上所产生的效果是变化。如果一件作品缺少变化，其形象千篇一律，就会显得呆板。每件作品都必须有适度的变化、对比，同时要处理好各局部之间的关系，使之和谐，见图 2-2-106 和图 2-2-107 建筑室外、室内设计中的对比与变化。

❖图 2-2-106

❖图 2-2-107

学生作业赏析

优秀学生作业见图 2-2-108~图 2-2-115。

❖图 2-2-108

❖图 2-2-109

❖图 2-2-110

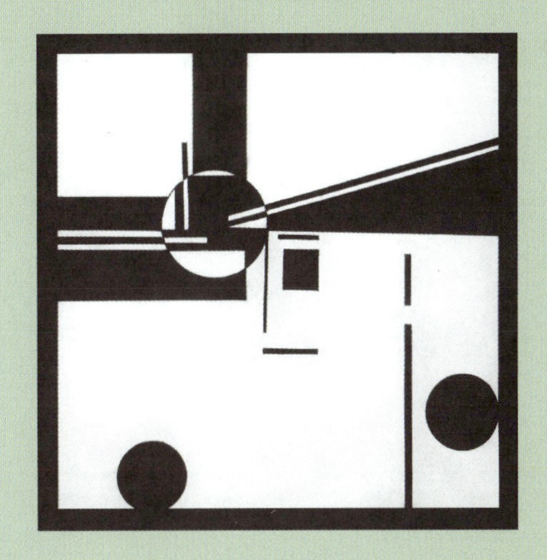

❖图 2-2-111

❖图 2-2-112

❖图 2-2-113

❖图 2-2-114

❖图 2-2-115

2.2.5 打破常规——破规和变异

自然界中美的形式规律有两种：一种是有秩序的美。这是大量的和主要的表现形式；另一种是打破常规的美。世界上一切事物都在不断地发展和变化。变异是一种规律的突破，在相同或相似形态的重复排列中做小的局部的变化，本质上也是对比的方法之一。

1. 破规和变异的分类

1）特异构成

表现特征：在相同性质的事物当中，异质性的事物会立即显现出来（图 2-2-116~图 2-2-119）。

❖图 2-2-116

❖图 2-2-117

❖图 2-2-118

❖图 2-2-119

在平面设计中，构成秩序性是形式美的重要因素，若在其中有少数与此不一致的因素，便会引起对比，使作品更加活泼多变。但在构成中为达到预想的效果，还必须处理好其上、下、左、右的穿插，使画面整体上有较好的平衡关系，丰满而有变化，有时也要体现画面的节奏和韵律，以及形象分布的呼应关系。

2）形象变异构成

在形象的重复构成上，特异是一种较为普遍的构成手法，变异即是视觉的中心点。形象的变异也就是具象的变形，其造型更加概括、简练，特征更加鲜明突出，性格更加典型。形象变异有以下几种方法。

（1）抽象法。即对一些自然形态的图形，根据画面内容形式及生产工艺的需要，进行整理和高度概括、夸张其典型性格，从而提高装饰性，增强其艺术效果。如动画片《大头儿子和小头爸爸》（图 2-2-120）以夸张的形象突出了主题。

（2）变形法。是自然形态发生扭曲、变态，从而使人们产生乐趣，例如，剪纸艺术（图 2-2-121）由于受加工工艺的约束，在形象上必须做某些概括；哈哈镜使形象变化多端（图 2-2-122）。

❖图　2-2-120

❖图　2-2-121

❖图　2-2-122

（3）切割法。为了适应某些设计部位的需要，可将部分形象进行适当切割，重新拼贴构成。这种手法可使一个图形变成两个或三个重复形，对称形或投影等（图 2-2-123）。运用此手法可以使形象压缩、拉长，也可以扭曲或局部夸张。

特征：其形象含蓄、若隐若现，别有一种趣味，并且有一定的装饰性。

（4）格位放大法。将自然形态的图形按其形象大小量取若干等大的正方形格位，而在变形的部位，也量取同等数量的格位（图 2-2-124），其格位按变形的需要，可拉成长方形（左右拉长形象）、菱形（形象倾斜）、曲线形（扭曲状态）等不同形状，然后将原形按格位的布局移至变形部位。

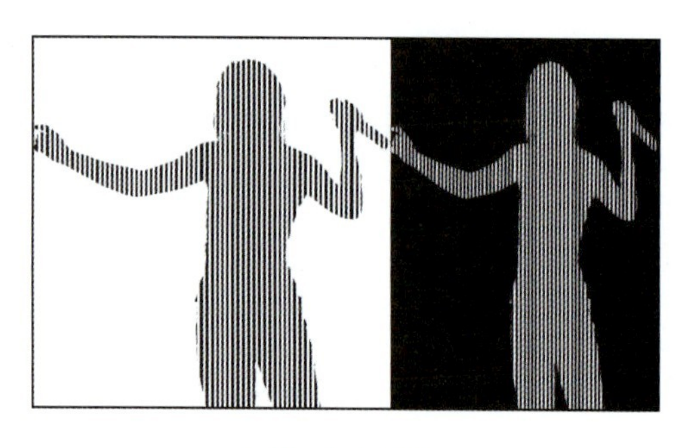

❖图 2-2-123

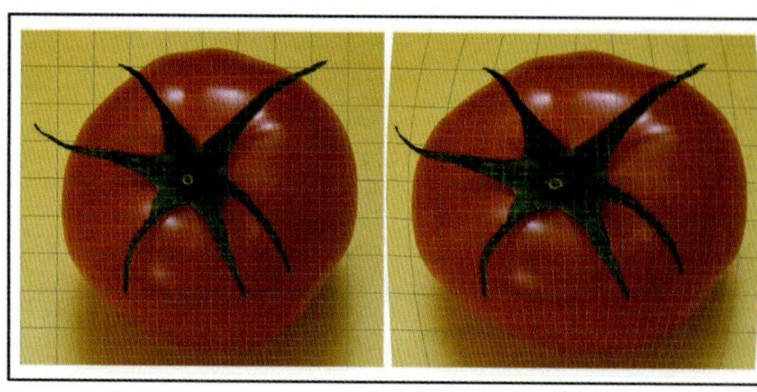

❖图 2-2-124

（5）空间割取及形象透叠法。步骤：①寻找适当的彩色图片；②切割；③组织排列方法；④进行版画构成。

2. 空间构成

在二维的平面空间里，能否有效地体现空间的三维深度是一件很让人困惑的事。平面设计中，为了表达空间立体效果，可以按透视学的原理，将平行直线集中消失到灭点，表现其空间感。

矛盾空间：这种空间透视存在不合理性，而且有时还不易找出其矛盾所在，这样会使观者琢磨不定，增加欣赏兴趣。从不同的方向观看可以有不同形体的表现。还有一种表现是空间立体的错视，又叫“模棱两可的图形”，见图 2-2-125～图 2-2-130。

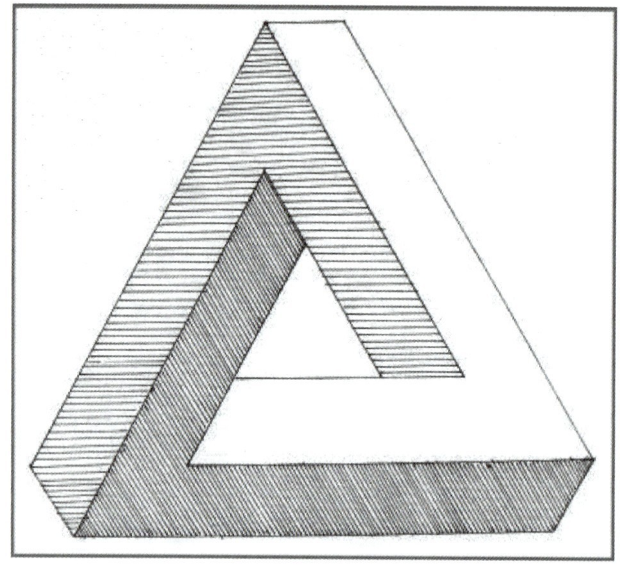

❖图 2-2-125

❖图 2-2-126

❖图 2-2-127

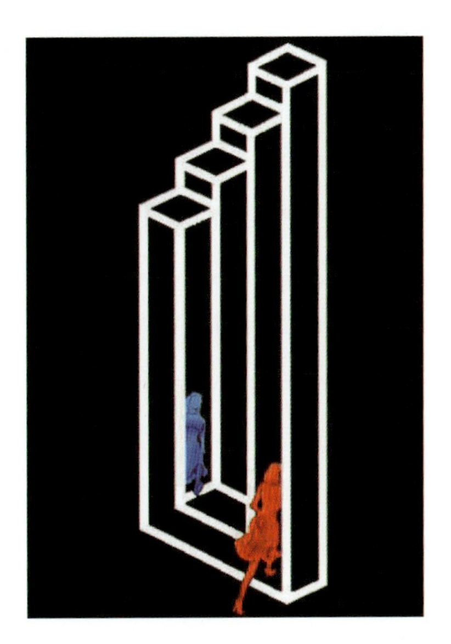

❖图 2-2-128

❖图 2-2-129

❖图 2-2-130

3. 视觉感应构成

视觉感应构成又称视幻觉艺术或欧普艺术，是在黑白对比强烈，而且重复形密集的作品中形成极强的韵律感，这种韵律反映到人们的视觉感官，由于左、右眼对物体观察时角度的差异，右眼观察左面较大，而左眼观察右面较大，经过较长时间的凝视，在视觉上引起错视，从而对图形的感应产生一种错动感和起伏感。

人类视觉感受的神秘性形成了艺术视幻觉，视幻觉可以说是人类的视觉感受的错误（图 2-2-131）。而正是这些视觉感受的错误，引起了许多艺术家的兴趣，激发了他们的创作灵感和技巧，使他们创作出千差万别的作品。早在古罗马时期，就有一些艺术家利用视幻觉来创作艺术品。到了14世纪文艺复兴时期，一些艺术大师开始建立新的思想，其中达·芬奇创立了透视原则，开始在二维平面上绘制具有三维性质的物体。达·芬奇的美学原则就是绘制出“三维世界的幻象”。20世纪中期，由于科学技术的进步与发展，西方现代艺术出现了不少与科技相关的现代艺术流派，比如，1964年在美国出现的“欧普艺术”，他们利用光幻觉和视错觉，创作出众多新型的作品。从20世纪90年代开始，人类社会进入了一个新时代，即由计算机催生出了数码技术时代。这场革命对于传媒和当代艺术产生了巨大的影响。计算机技术为艺术家提供了更多的创作方式，越来越多的艺术家，特别是年轻的艺术家，利用视错觉和光错觉来进行创作。而网络和新媒体也使得这些艺术家如虎添翼，不断创新，创作出很多令人耳目一新的作品。不但艺术创作使我们吃惊，艺术接受的趋势、深度与广度也突然之间变得令人难以捉摸。视觉游戏已经成为当今艺术中流行的。

❖图 2-2-131

视错觉和光错觉为艺术创作带来了无穷乐趣。用计算机修改原先的照片，创作出不少空间错乱的、扭曲的艺术图像。作品包括将道路弯曲化、扭曲人体形状和改变城市的面貌等。

4. 特异构成作品实例

特异构成作品实例见图2-2-132和图2-2-133。其中，图2-2-132为室内卧室墙面、窗框与顶棚异形设计的效果，图2-2-133为室内楼梯的设计独特个性。

❖图 2-2-132

❖图 2-2-133

学生作业赏析

优秀学生作业见图 2-2-134～图 2-2-143。

❖ 图 2-2-134

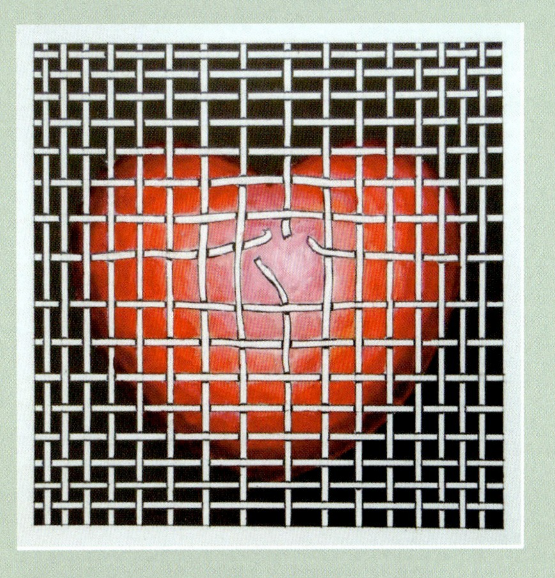

❖ 图 2-2-135

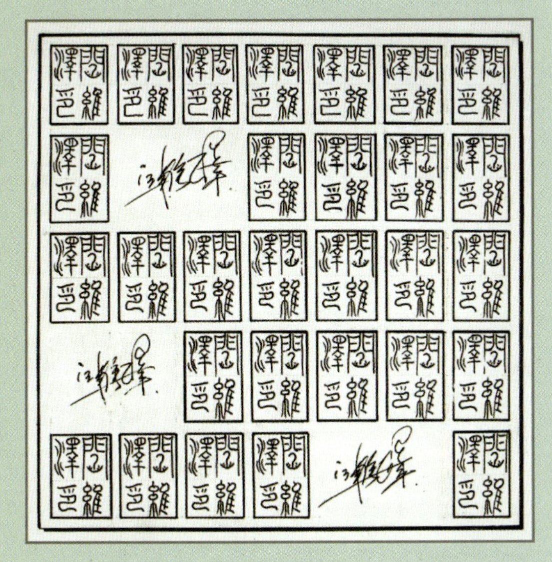

❖ 图 2-2-136

❖ 图 2-2-137

❖图 2-2-138

❖图 2-2-139

❖图 2-2-140

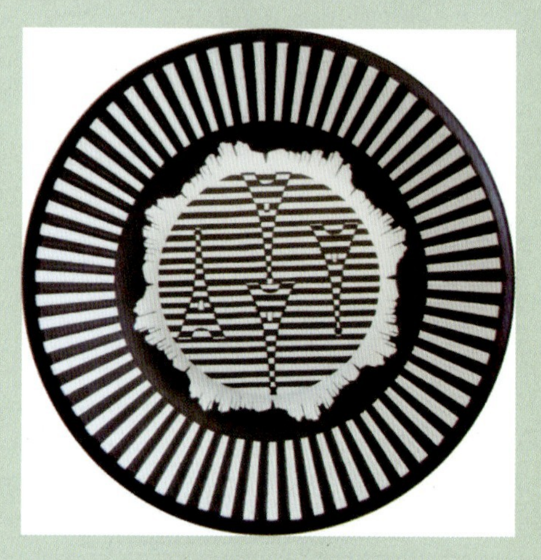

❖图 2-2-141

❖图 2-2-142

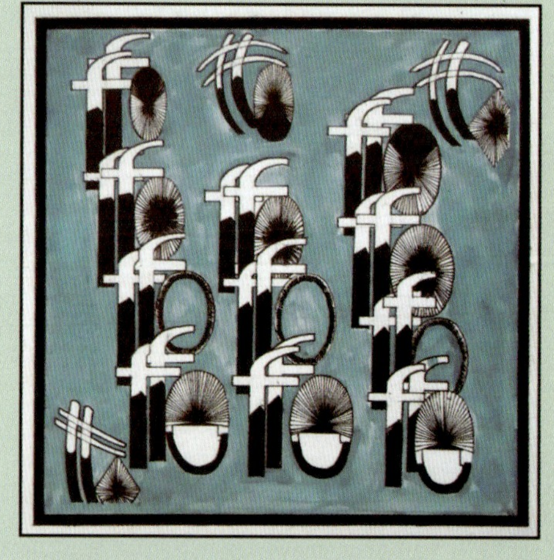

❖图 2-2-143

2.2.6 肌理

在平面设计中，肌理是不同质料和不同构造的物体所给予人们感官上不同特征的总称或是对物体表面不同纹理的感觉。

肌理是物体表面所存在的一种纹理。“肌”代表物象表皮，“理”代表物象表皮纹理的特征，故肌理实际上是表现大千世界物质形态的一种方法。

肌理是一种有秩序的形式结构。大部分肌理是具有某种秩序性的，形式上有着某种规律性。比如，有的在整体上显示着由比例关系而体现的节奏感，有着类似渐变的视觉效果；有的在形态上与色彩上显现出由对比关系而产生的视觉张力。正因为肌理具有这种现实的审美价值，才会被运用到装饰中。

人工的物质肌理是美的形式的集中体现，是人们对自然肌理的一种理性的整理。肌理的存在使物质的可视性得到很大的提高，增强了形态的立体感。

1. 平面肌理的制作方法

1）浮色拓印法

方法：将墨或颜料滴在水面，进行搅动，在颜色还没完全混在一起时，将吸水性好的纸张铺在上面，将浮色粘在纸上晾干即可（图 2-2-144）。

效果：仿大理石效果。

材料：水、纸张（吸水性较好的，宣纸最好）、墨或颜料。

器具：敞口容器。

❖图 2-2-144

2）揉皱拓印法

方法：将纸揉皱后铺平，并保持一定的折皱，然后在纸上刷上颜色。也可以先在纸上涂上颜色再揉皱，然后涂上第二种颜色（图 2-2-145），或多次揉皱，多次涂颜色。

材料：水、纸张（容易揉皱的）、墨或颜料。

3）混色法

方法：用浓度较大的水粉颜料，在画纸上堆积并搅动，使其自然混合从而形成偶然形（图 2-2-146）。

材料：纸张、水粉或油画颜料。

❖图 2-2-145

❖图 2-2-146

4）自流法

方法：将水粉饱和的不同颜色涂在较光滑的纸张上，让其自然流淌或用气吹动，使之构成不同的偶然线条（图 2-2-147）。

效果：形象自然活泼、生动、较为抽象或似是而非。

材料：水粉或水彩颜料、较光滑的纸张。

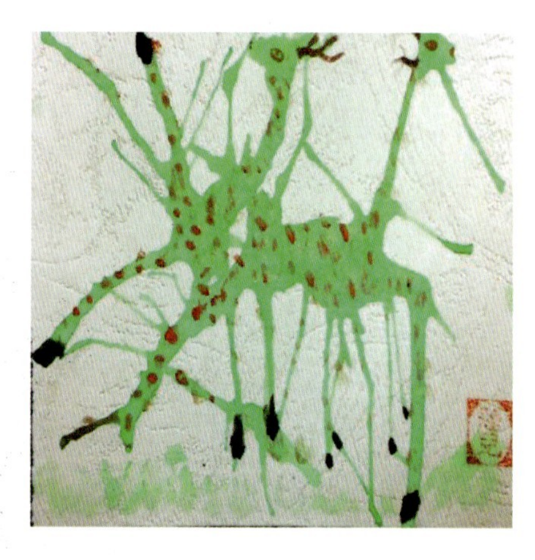

❖图 2-2-147

5）湿润法

方法：在表面较为光滑的硬纸板上涂上清水，在接近晾干时，用颜色或墨水涂于潮湿的纸板上，使其自润成偶然形（图 2-2-148）。另外，宣纸中涂上颜料或墨水，使其自然浸润，也可出现湿润散开的图形。

效果：较朦胧、虚幻。

材料：水彩、纸张（吸水性较好的）。

6）对印法

方法：将浓度较大的不同颜色涂在表面光滑的纸板上，然后将另一张纸板与其重叠在一起，用手挤压，起开后即可形成两幅互相对称的图形（图 2-2-149）。

效果：较为自然生动，有时会接近某种自然景象。

材料：色料（水粉）、纸张。

❖图 2-2-148

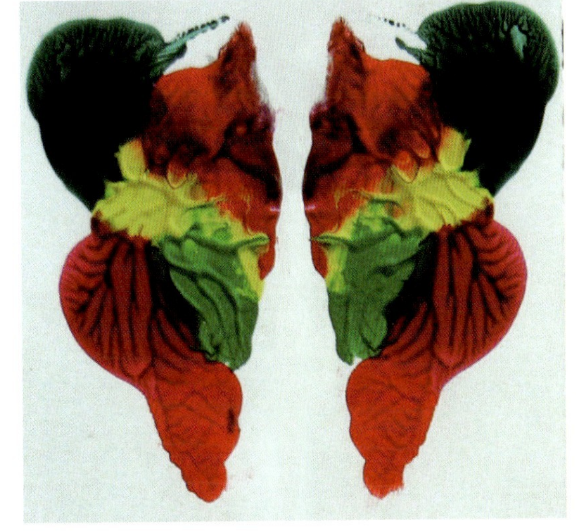

❖图 2-2-149

7）熏炙法

方法：使用热源材料将画面纸进行熏炙，产生出肌理纹样。有熏边成形、烙图、火烧后成形、烟熏成图等方法（图 2-2-150 和图 2-2-151）。无论何种方法，都是通过火与烟使画面产生不同的颜色层次，或由燃烧的残痕产生特殊的美感。

材料：烙铁（包括电烙铁、火烙铁）、蚊香、卫生香、打火机、香烟、报纸、木材或其他易燃材料等。

8）压印法

方法：利用某些自然形象，如干树枝、树叶、树皮、草编织物、大米、干草、干板花纹等，涂洒颜色后用纸铺在上面压印（图 2-2-152）。

材料：自选、纸张。

9）喷洒法

方法：用墨或颜料涂洒在纸上，配合以秃笔适当地进行补笔（图 2-2-153），表现出某种形象，以表达作者的意图。

材料：纸、色料、笔。

❖图 2-2-150

❖图 2-2-151

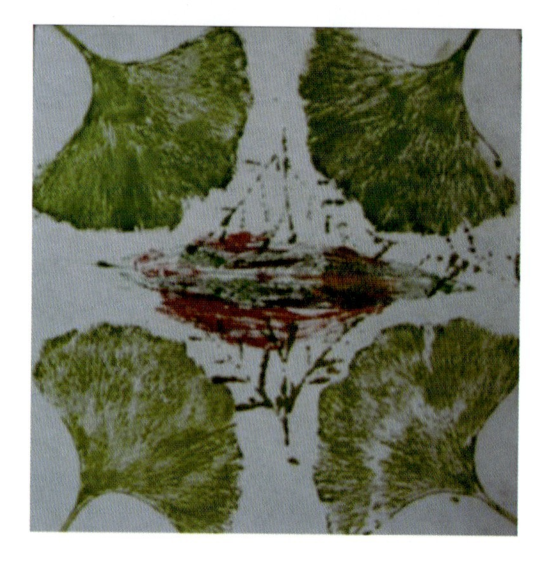

❖图 2-2-152

❖图 2-2-153

10）拼贴法

方法：选取旧杂志、报纸上的部分版面，用手撕下来，拼贴起来构成一幅完整的作品（图 2-2-154）。

要点：注意处理好画面的平衡、空间、疏密、主次、韵律等关系，显露出整齐的文字与撕破纸边及不甚完整的图形等关系的对比。

11）挤压法

在纸板上涂刷颜料后，趁湿贴上玻璃纸，然后用手挤压（图 2-2-155），使玻璃纸紧贴在纸板上。

效果：玻璃纸湿润后形成许多自然的皱褶，产生多变的偶然形。

材料：纸、玻璃纸、色料。

❖图 2-2-154

❖图 2-2-155

可以运用其他方法和材料设计更丰富的作品（图 2-2-156~图 2-2-159），例如，滴色法、水墨法、喷绘法、蜡色法、木纹法、盐与水色法等。

❖图 2-2-156

❖图 2-2-157

当材料的结构语言大于材料本身的视觉特征时，这种材料就被视为造型的语言。肌理本身就是设计，就是造型艺术。

当一种材料用作肌理构成，它就应该脱离材料本身的属性，成为新的造型的一部分，这种变化要依赖于加工和组装。

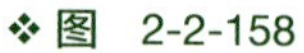

❖图 2-2-158

❖图 2-2-159

2. 材料肌理的制作方法

1）堆积式

堆积式大多用于小的颗粒状的或细线的局部面积堆积（图 2-2-160）。小的颗粒可运用几何形与非几何形，小的纽扣、小的彩色药丸、白色的石子，都能以一定的数量堆积在一起，形成面积，构成势态，从而产生视觉上和触觉上的心理感受。

2）镶嵌式

镶嵌是一种材料的组合形式，其最大的效果是对比的视觉差异。镶嵌可以有材质、色泽、造型上的不同（图 2-2-161）。例如，将贵重的物质镶嵌在一般的物质上，会提升整个形态的价值。用大米作底，将红豆镶嵌在大米里，既有体量上的对比，又有色泽上的差异。将透明和半透明的形镶嵌在一起，能够明显增加画面的视觉层次。将线状的形与点状的形镶嵌在一起，彼此之间能显现得更清楚一些。

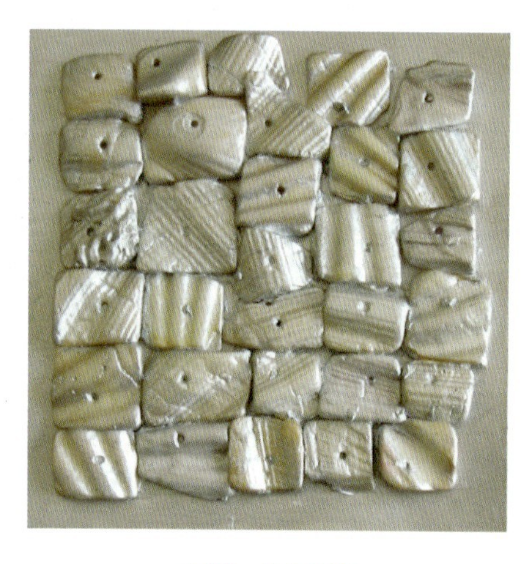

❖图 2-2-160

❖图 2-2-161

3）粘贴式

将不同的材料和不同的面积有组织地黏合在一起，形成材料的叠加，产生新的形态、新的材料结构（图 2-2-162），这是材料的再创造。粘贴能充分利用原有的材料特性和原来的肌理特征，将不同的视觉融为一体，改变高度、色泽，产生对比度。

例如，将金属钵纸、有机玻璃的薄片、半透明的硫酸纸片以及有着文字的广告纸，切割成大小不等的小方块和长方形，按一定的面积比黏合起来，使其中的一部分相叠，可以达到不错的效果。

4）组装式

将呈现触觉肌理面貌的自然物品置入有形或无形的框架中，就是组装（图 2-2-163）。组装的特点是将相异的文化符号通过一定的背景，自然地融合在一起，组成新的语言。

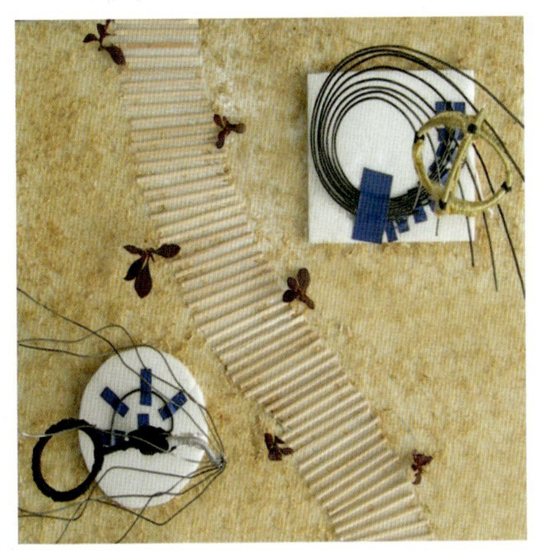

❖图 2-2-162

❖图 2-2-163

5）编织式

用线状材料和带状材料编织成形态，构成肌理的一部分（图 2-2-164）。可运用的材料很多，如绒线、尼龙线、塑料线等，既能构成图案式的肌理，又能构成一定形态的骨格线。

❖图 2-2-164

3. 肌理构成作品实例

大型室内设计中墙柱的肌理式造型见图 2-2-165，室内设计电视墙的肌理装饰见图 2-2-166。

❖图 2-2-165

❖图 2-2-166

学生作业赏析

优秀学生作业见图 2-2-167～图 2-2-176。

❖图 2-2-167

❖图 2-2-168

❖ 图　2-2-169

❖ 图　2-2-170

❖ 图　2-2-171

❖ 图　2-2-172

❖图 2-2-173

❖图 2-2-174

❖图 2-2-175

❖图 2-2-176

2.3 平面构成材料

不同的材料构成特性不同，点状、线状和面状的材料一般都有形成构成语言的特性与限定性，在利用形态和材料时应给予充分注意。例如，点状的形态更有效的作用是表明位置、调节平衡；线状的形态有利于轮廓的塑造和安排骨格线，也能以缠绕形成形态，比较容易构成曲线状形态。

2.3.1 常规材料

可以凭借相关的工具和材料进行平面手绘制作，或是进行实物粘贴、拼接形式，也可借助计算机、摄影摄像、实物影像扫描等设备，凭借图形和图形处理软件进行构成设计处理。

（1）着色材料：液体着色材料有水粉水彩色料、国画颜料、油画、丙烯颜料及各种染料、彩色墨水、油漆等（图 2-3-1）；固体着色材料有彩色笔、油画棒、色粉笔等（图 2-3-2）。

❖图 2-3-1

❖图 2-3-2

（2）被着色材料：以纸张为主，如双面卡纸、铜版纸、色卡纸、水彩纸、宣纸、硫酸纸（图 2-3-3）；其他材料有各种布、木板及塑料板等。

（3）附着材料与被附着材料：各种图片、实物（如谷物、卵石等）；各种板材等，要注重材料的天然美感。

（4）工具：主要用于绘图，有直尺、三角板、圆规、鸭嘴笔、针管笔等，可绘制规范几何图形；签字笔、毛笔等，可用来进行徒手绘和勾线（图 2-3-4）。

❖图 2-3-3

❖图 2-3-4

2.3.2 综合材料

为满足构成艺术趣味，可利用一切方法和手段进行构成处理，获得满意作品。

设备处理、综合处理，适合有一定的设计基础和计算机软件处理能力的学生；手工制作，适合初学的学生，可培养其手绘处理能力和艺术直觉与表现力。

图形图像处理软件：CorelDRAW、Adobe Illustrator。

材料的结构设计主要是注重形式的创意，即在均衡、重复、渐变、发射、变异、对比、疏密等方面作充分的考虑。另外，要利用材料的可触性，寻求与平面构成不同的新感受。

不同的颜料材料用不同的工具与方法绘制或粘在不同的材料上，会产生极为丰富的视觉效果，提高学习兴趣、激发艺术创作欲望，培养技法综合运用能力和艺术审美趣味。

模块3 色彩构成概述

色彩是视觉艺术、造型艺术的重要因素之一，起着先声夺人的作用。但色彩又不能脱离形体、空间、位置、面积、肌理等单独存在，所以研究色彩问题必然涉及以上诸方面的关系。

我们生活在五彩缤纷的世界里，天空、草地、海洋、鲜花都有它们各自的色彩。你、我、他也有自己的色彩，代表个人特色的衣着、家装、装饰物的色彩，可以充分反映人的性格、爱好、品位。

设计爱好者对色彩的喜爱更是如痴如狂，他们知道色彩不仅仅是点缀生活的重要角色，也是一门学问。要在设计作品中灵活、巧妙地运用色彩，使作品达到各种精彩效果，就必须对色彩好好研究一番。

色彩是造型艺术的要素之一。对于色彩的认知、感觉、审美和表现能力的培养与训练，是设计、建筑、绘画等造型艺术的教学重点之一，因为它们是设计师、建筑师和一切造型艺术家必备的素养和能力。色彩的训练、研究与应用贯穿于专业学习与实践过程的始终，在上述诸多专业的整体教学过程中，极有必要适时地进行集中、系统、专门的色彩学习与训练。

3.1 色彩构成基本元素

3.1.1 色彩的感知

色彩是什么？它是如何被我们感知的？

我国最早出现“色彩”名词记载的是《尚书》:“彩者，青、黄、赤、白、黑也；色者，言施之于缯帛也。”五色论以青、黄、赤为彩，黑、白为色，合称为色彩。

我们都有这样的体验：在漆黑的夜晚，眼睛几乎不能分辨周围物体的形状与颜色，而到了白天，呈现在我们眼前的是一个精彩世界：阳光、草地、行人……为什么会这样呢?

因为能唤起我们色彩感觉的关键是光，没有光就没有色彩，光是感知色彩的媒介。

但是，光只是感知色彩的条件之一，对于盲人，不论白天黑夜、有光无光，他们都感知不到色彩。另外，对于有色盲的人，即使有光，仍然不能正确地感知色彩，因为他们的视觉器官是不健全的。

由此可知，人必须有健全的视觉，才能感知物象的色彩，物象必须有光的照射，这样，色彩才能被感知。光是感知的条件，色是感知的结果。具体地说，物象受到光的照射后，通过人眼的瞳孔进入视网膜，并由视觉神经传达到大脑皮质的视觉中枢，才会产生色彩感觉。色彩经过了光、眼睛、大脑这 3 个环节，才能被我们感知。

3.1.2 色彩构成

色彩构成是一门比较系统、完整的艺术专业设计的专业课程，主要任务是使学生认知色彩理论、掌握色彩形式。它是探讨色彩物理、生理和心理特征，通过调整色彩关系（对比、调和、统一等）获得色彩组合的学科。色彩构成还能够丰富设计思维、提高审美和倡导创新的变革精神，色彩构成的学习和掌握直接关系到今后设计作品中色彩修养和创意水平的高低。

对已有色彩元素的重构称为色彩构成。在艺术特别是设计艺术领域，我们所说的色彩构成一般只包括对设计和艺术中所需要用到的色彩进行有规律、有想法、有审美的组合和搭配。一切涉及色彩的艺术和设计都需要用到色彩构成，比如，绘画、公共艺术、平面设计、环境设计、服饰艺术、包装设计、工业造型、卡通动画、摄影摄像、数码多媒体艺术等。

3.2 色彩基础

3.2.1 色彩构成的表现内容

1. 光与色

我们生活在一个多彩的世界里。白天，在阳光的照耀下，各种色彩争奇斗艳，并随着照射光的改变而变化无穷。黄昏，大地上的景物无论多么鲜艳，都将被夜幕缓缓吞没。在漆黑的夜晚，我们不仅看不见物体的颜色，甚至连物体的外形也分辨不清。同样，在暗室里，我们什么色彩也感觉不到。这些事实告诉我们：没有光就没有色，光是人们感知色彩的必要条件，色来源于光。所以说，光是色的源泉，色是光的表现。

小林秀雄在《近代绘画》中评论莫奈一章中说："色彩是破碎的光——太阳的光与地球相撞，破碎分散，因而使整个地球形成美丽的色彩。"

人对色彩感知的完成，要有光、对象、健康的大脑和眼睛，缺一不可，因此为了更好地研究、应用色彩，就需要掌握光到达眼睛的物理学知识，光进入眼睛至大脑引起感觉作用的生理学知识。

1）光谱

人们对光的本质的认知最早可以追溯到 17 世纪。从牛顿的微粒说到惠更斯的弹性波动说；从麦克斯韦的电磁理论，到爱因斯坦的光量子学说，以至现代的波粒二象性理论。

光按其传播方式和具有反射、干涉、衍射和偏振等性质来看，有波的特征；但许多现象又表明它是由有能量的光量子组成的，如放射、吸收等。在这两点的基础上，发展了现代的波粒二象性理论。

英国科学家牛顿在 1666 年发现，把太阳光经过三棱镜折射，然后投射到白色屏幕上，会显出一条像彩虹一样美丽的色光带谱，从红开始，依次是橙、黄、绿、青、蓝、紫七色，如图 3-2-1 所示。这是因为日光中包含有不同波长的辐射能，在它们分别刺激我们的眼睛时，会产生不同的色光，而它们混合在一起并同时刺激我们的眼睛时，则是白光，我们感觉不出它们各自的颜色。但是，当白光经过三棱镜时，由于不同波长的折射系数不同，折射后投影在屏幕上的位置也不同，所以一束白光通过三棱镜便分解为上述 7 种不同的颜色，这种现象称为色散。从图 3-2-1 中可以看到红色的折射率最小，紫色最大。这条依次排列的彩色光带称为光谱。

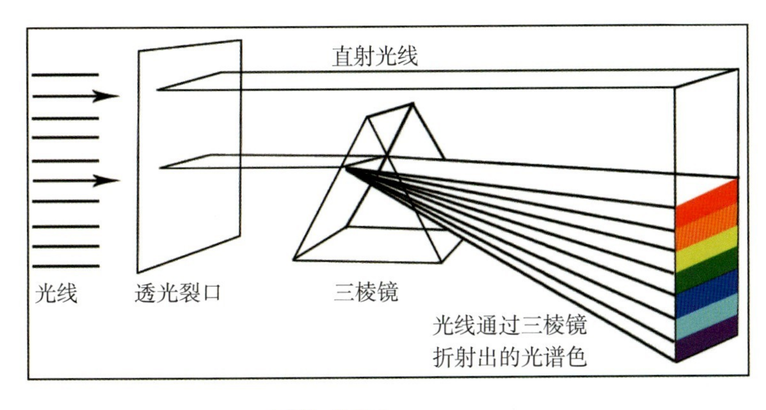

❖图 3-2-1

说明

太阳光是由光谱中色光构成的。

用三棱镜分解太阳光形成的光谱是人眼睛所能看见的范围。光在物理学上是一种电磁波。在电磁波辐射范围内，只有波长 400~780nm（1nm=100mm）的辐射能引起人们的视感觉，这段光波叫作可见光谱。在这段可见光谱内，不同波长的辐射引起人们的不同色彩感觉。

2）单色光与复色光

被分解过的色光，即使再一次通过三棱镜也不会再分解为其他的色光。我们把光谱中不能再分解的色光叫作单色光。由单色光混合而成的光叫作复色光，自然界的太阳光、白炽灯和日光灯发出的光都是复色光。色散所产生的各种色光的波长如表 3-2-1 所示。

表 3-2-1　色散所产生的各种色光的波长

光色	波长 λ /nm	代表波长 /nm
红	610~780	700
橙	590~610	610
黄	570~590	580
绿	500~570	550
蓝	450~500	470
紫	380~450	420

光的物理性质由它的波长和能量决定。波长决定了光的颜色，能量决定了光的强度。光映射到我们的眼睛时，波长不同决定了光的色相不同。波长相同能量不同，则决定了色彩明暗的不同。

2. 光源

能自行发光的物体叫作光源。光源的种类繁多，形状千差万别，但大体上可分为自然光源和人造光源。自然光源受自然气候条件的限制，光色瞬息万变，不易稳定，如最大的自然光源太阳。人造光源有各种电光源和热辐射光源，如电灯光源等。不同的光源由于发光物质不同，其光谱能量分布也不相同。

3. 光源色

不同光源发出的光，光波的长短、强弱、比例性质不同，形成不同的色光，叫作光源色。如普通灯泡的光所含黄色和橙色波长的光多而呈现黄色，普通荧光灯所含蓝色波长的光多则呈蓝色。从光源发出的光，由于其中各波长的光的比例不同，从而表现成各种各样的色彩。

4. 物体色

自然界的物体五花八门、变化万千，它们本身虽然大都不会发光，但都具有选择性地吸收、反射、透射色光的特性。当然，任何物体对色光不可能全部吸收或反射，因此，实际上不存在绝对的黑色或白色。

常见的黑、白、灰物体色中，白色的反射率是64%以上，灰色的反射率是10%~64%，黑色的吸收率是90%以上。

物体对色光的吸收、反射或透射能力，受物体表面肌理状态的影响。表面光滑、平整、细腻的物体，对色光的反射较强，如镜子、磨光石面、丝绸织物等。表面粗糙、凹凸不平、疏松的物体，易使光线产生漫射现象，故对色光的反射较弱，如毛玻璃、尼龙、海绵等。

物体对色光的吸收与反射能力虽是固定不变的，但物体的表面色却会随着光源色的不同而改变，有时甚至失去其原有的色相。物体的“固有色”实际上不过是常光下人们对此的习惯而已。如在闪烁、强烈的各色霓虹灯光下，所有建筑及人物的服色几乎都失去了原有本色而显得变幻莫测。

另外，光照的强度及角度对物体色也有影响。

我们看到的色，无论是动植物的色、服饰的色还是建筑和器物的色，几乎都是光源光、反射光、透射光的复合色光，这样的色特别命名为物体色，以与自己发光的光源色相区别。但是物体色不是一成不变的，光源色的改变也会使物体色发生变化。

5. 计算机色彩显示

我们知道物体的色彩是对色光反射的结果，那么，计算机显示器的色彩是如何生成的呢？彩色显示器产生色彩的方式类似于大自然中的发光体。在显示器内部有一个和电视机一样的显像管，当显像管内的电子枪发射出的电子流打在荧光屏内侧的磷光片上时，磷光片就产生发光效应。3种不同性质的磷光片分别发出红、绿、蓝3种光波，计算机程序量化地控制电子束强度，由此精确控制各个磷光片的光波的波长，再经过合成叠加，就模拟出自然界中的各种色光。

6. 色彩与视觉

人们在对色彩的观察中发现，色彩在视觉中的印象常常会发生一些变化，直接影响观察者对色彩的判断。例如，一块白色的石膏体，置于不同的环境色中，会产生不同的色彩感觉。但是，这个石膏体在我们的色彩经验中是白色的，我们会以这种经验来替代视觉判断，并由此产生错视。人对于色彩的视觉印象与知觉判断经常会发生矛盾和冲突。在一定的条件下，这种经验会影响观察者对色彩的判断，我们将这种现象称为色彩的恒常性。色彩的恒常性是由于视知觉的经验在影响自身对色彩的判断。

根据视觉的生理特征，视觉的适应性分为 3 种。明适应：眼睛从暗到明的视觉适应过程；暗适应：眼睛从明到暗的视觉适应过程；色适应：眼睛从一种色彩到另一种色彩的适应过程。

7. 物理补色与生理补色

1）物理补色

把两种颜色按一定比例混合成为黑、灰无彩色时，这两种颜色称为互补色。两种色光相混合，其结果是白色光，这两种色光就称为互补色光。这种补色称为物理补色。

物理补色可以分为单色光的物理补色、复色光的物理补色以及色料混合的物理补色。

2）生理补色

当我们把注视的红色突然拿开，在很短时间内还能感觉有红色痕迹，随即便会出现一个淡蓝绿色的残像，我们把开始感觉到的与原来物体色彩一致的残像叫作阳性残像，把后出现的与原来物体色彩相反的残像叫作阴性残像。阴性残像与原色彩的关系即为生理补色。

8. 色彩的混合

1）原色

（1）不能用其他色混合而成的色彩叫作原色。原色可以混出其他色彩（当然不是全部）。

（2）原色的分类方法如下。

牛顿：七原色，即红、黄、蓝、绿、青、橙、紫。

亨贺尔滋：五原色，即红、黄、绿、蓝、紫。

赫林：四原色，即红、绿、黄、蓝。

（3）原色有两个系统，一个是光的三原色，另一个是色料的三原色。

光的三原色：朱红、翠绿、蓝紫（图 3-2-2）。

色料的三原色：紫红（紫味红、品红、大红）、黄（柠檬黄）、天蓝（绿味蓝、湖蓝）（图 3-2-3）。

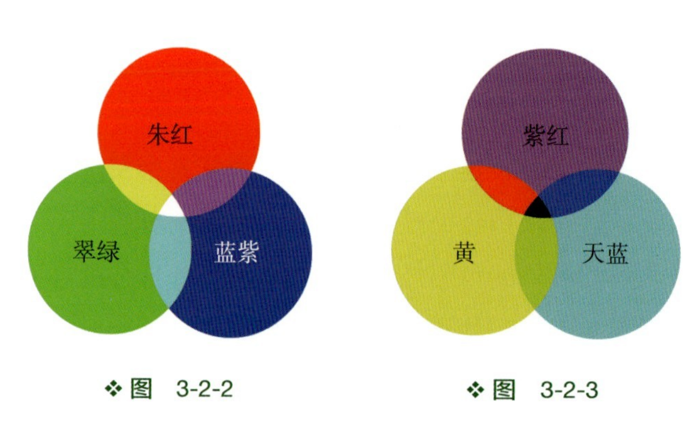

❖图 3-2-2　　❖图 3-2-3

2）色彩的混合

（1）加法混合

加法混合是指色光的混合，两种以上的光混合在一起光亮度会提高，混合色的总亮度等于相混各色光亮度的总和，因此叫作加法混合。色光混合中，三原色光是朱红、翠绿、蓝紫。

光不能用其他色光相混而产生。朱红 + 翠绿 = 黄，翠绿 + 蓝紫 = 蓝，蓝紫 + 朱红 = 品红。当三原色光按一定的比例相混时，所得到的光是无彩色的白色光。如果只通过两种色光相混就产生白光，那么这两种色光就是互补关系。如朱红 + 蓝、翠绿 + 紫红、蓝紫 + 黄，都是互补关系。

（2）减法混合

减法混合是指颜料、染料的混合，透过重叠的彩色玻璃纸或彩色玻璃所映现的混合色。减法混合三原色是加法混合三原色的补色，即翠绿的补色品红、蓝紫的补色淡黄、朱红的补色天蓝，这三原色是不能用任何颜色混合出来的，用两种原色混合出来的颜色称为间色，如红 + 蓝 = 紫、黄 + 红 = 橙、黄 + 蓝 = 绿。如果两种颜色能混合出黑色或灰色，那么这两种颜色就是互补色。用三种原色相混会产生含灰的复色，如棕色、橄榄绿色等，三原色按一定的比例相混可以产生黑色或黑灰色。在减法混合中，混合的色越多，明度越低，纯度也会下降。在印刷中重叠透明的油墨所表现的混色就是减法混合的一种。

（3）中性混合

无论是色光的混合还是色料的混合，都是色彩未进入眼睛时，在视觉外混合好了，再由眼睛看到。这种视觉外的混色为物理混色。另一种情况是颜色在进入视觉前没有混合，而在一定的条件下通过眼睛的作用将色彩混合起来。这种发生在视觉内的混色为生理混色。由于视觉混色效果在知觉中没有变亮也没有变暗的感觉，它所得到的亮度感觉为相混各色的平均值，因此叫作中性混合。

3.2.2 色相环的组成

1. 色彩的三要素

世界上几乎没有相同的色彩，根据人自身的条件和视觉的条件我们可看到 200 万～800 万种颜色，这些色彩中，白、灰、黑等不着彩的色叫无彩色，红、黄、蓝等有彩的色叫有彩色。

各种色彩现象都具有色相、明度和纯度 3 种性质。对色彩三要素的理解和掌握是学习色彩构成的基础。

1）色相

色相是指色彩的相貌，是区别色彩种类的名称，即不同波长的光给人不同的色彩感受。红、橙、黄、绿、蓝、紫等每个字都代表一类具体的色相，它们之间的差别属于色相差别。

在应用色彩理论中，通常用色环来表示色彩系列。处于可见光谱的两个极端红色与紫色在色环上连接起来，使色相系列呈环状。最简单的色环由光谱上的 6 个色相环绕而成。如果在这 6 个色相之间增加一个过渡色相，这样就在红与橙之间增加了红橙色；红与紫之间增加了紫红色，以此类推，还可以增加黄橙、黄绿、蓝绿、蓝紫各色，构成 12 色色相环，12 色色相是很容易分清的色相。如果在 12 色之间再增加一个过渡色相，如在黄绿与黄之间增加一个绿味黄，在黄绿与绿之间增加一个黄味绿，以此类推，就会组成一个 24 色色相环（图 3-2-4）。24 色色相环更加微妙柔和。色相涉及的是色彩“质”方面的特征。

2）明度

明度是指色彩的明暗程度，任何色彩都有自己的明暗特征。从光谱上可以看到最明亮的颜色是黄色，处于光谱的中心位置；最暗的是紫色，处于光谱的边缘。一个物体表面的光反射率越大，对视觉的刺激程度越大，看上去就越亮，这一颜色的明度就越高。因此，明度表示颜色的明暗特征。明度可以说是色彩的骨架，对色彩的结构起着关键性的作用。明度在色彩三要素中可以不依赖于其他性质而单独存在，任何色彩都可以还原成明度关系来考虑，例如，黑白摄影（图 3-2-5）及素描都体现的是明度关系，明度适合于表现物体的立体感和空间感。黑白之间可以形成许多明度台阶，人的最大明度层次辨别能力可达 200 个台阶左右，普通使用的明度标准大都为 9 级左右。

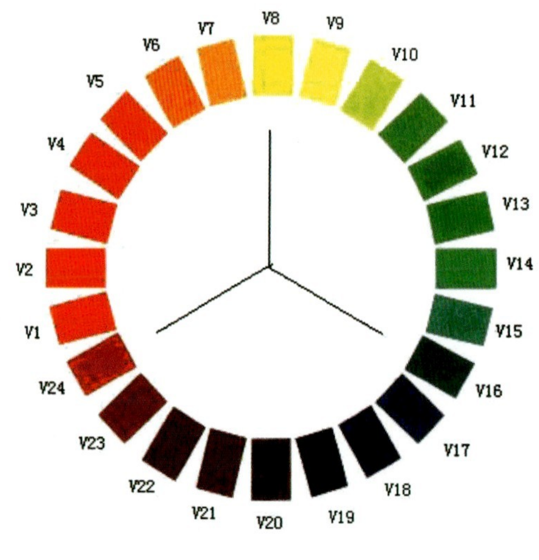

❖图 3-2-4

❖图 3-2-5

3）纯度

❖图 3-2-6

纯度是指色彩的鲜艳度。从科学的角度看，一种颜色的鲜艳度取决于这一色相发射光的单一程度。人眼能辨别的有单色光特征的色，都具有一定的鲜艳度。不同的色相不仅明度不同，纯度也不相同（图 3-2-6）。例如，颜料中的红色是纯度最高的色相，橙、黄、紫等色纯度也较高，蓝绿色是纯度最低的色相。在日常的视觉范围内，眼睛看到的色彩绝大多数是含灰的色，也就是不饱和的色。有了纯度的变化，世界上才有如此丰富的色彩。

同一色相即使纯度发生了细微的变化，也会造成色彩性格的变化。

由于工业的发展，在印染、涂料、装饰材料、印刷等许多门类的工业中都需要更多种类的颜色。面对五花八门的色彩需求，必须有一个系统科学的色彩表示方法，以求使用中对色彩便利的选择和正确的应用。其中，有适合艺术家与设计师使用的通过用三维空间来表示明度、色相与纯度的色立体。色立体的科学性在于它所标示的颜色是用精密的测色仪测定的标准色样，可供印刷、印染、造纸、美术设计等各行业为配色的参照。在艺用色彩学中，色立体的用途不仅限于配色方面，其色彩体系结构也有助于对色彩进行完整地逻辑分析。为方便艺术家、设计师、印刷技术人员使用，色立体发展为色立体图册。

2. 色立体

1）色立体概述

色立体是依据色彩的色相、明度、纯度变化关系，借助三维空间，用旋转直角坐标的方法组成一个类似球体的立体模型。它的结构类似地球仪的形状，北极为白色，南极为黑色，连接南北两极贯穿中心的轴为明度标轴，北半球是明色系，南半球是深色系。色相环的位置在赤道线上，球面一点到中心轴的重直线表示纯度系列标准，越靠近中心，纯度越低，球中心为正灰。

色立体有多种，主要有美国孟塞尔色立体、德国奥斯特瓦尔德色立体等。

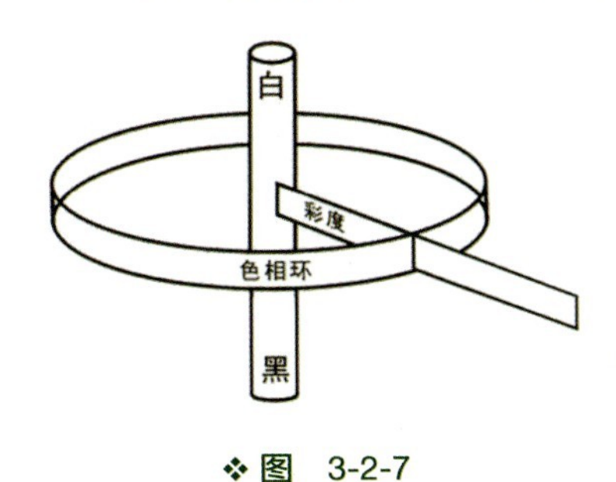

❖图 3-2-7

2）孟塞尔色立体

孟塞尔所创建的颜色系统是用颜色立体模型表示颜色的方法。它是一个三维类似球体的空间模型，把物体各种表面色的 3 种基本属性色相、明度、饱和度全部表示出来（图 3-2-7）。以颜色的视觉特性来制定颜色分类和标定系统，以按目视色彩感觉等间隔的方式，把各种表面色的特征表示出来。目前，国际上已广泛采用孟塞尔颜色系统作为分类和标定表面色的方法。

孟塞尔色立体如图 3-2-8 所示，中央轴代表中性色的明度等级，黑色在底部，白色在顶部，称为孟塞尔明度值。它将理想白色定为 10，将理想黑色定为 0。孟塞尔明度值 0~10，共分为 11 个在视觉上等距离的等级。

在孟塞尔颜色系统中，颜色样品离开中央轴的水平距离代表饱和度的变化，即孟塞尔彩度。彩度也是分成许多视觉上相等的等级。中央轴上的中性色彩度为 0，离中央轴越远，彩度数值越大。该系统通常以每两个彩度等级为间隔制作颜色样品。各种颜色的最大彩度是不同的，个别颜色彩度可达到 20。

色相环和色相环展开图示见图 3-2-9。

❖图 3-2-8

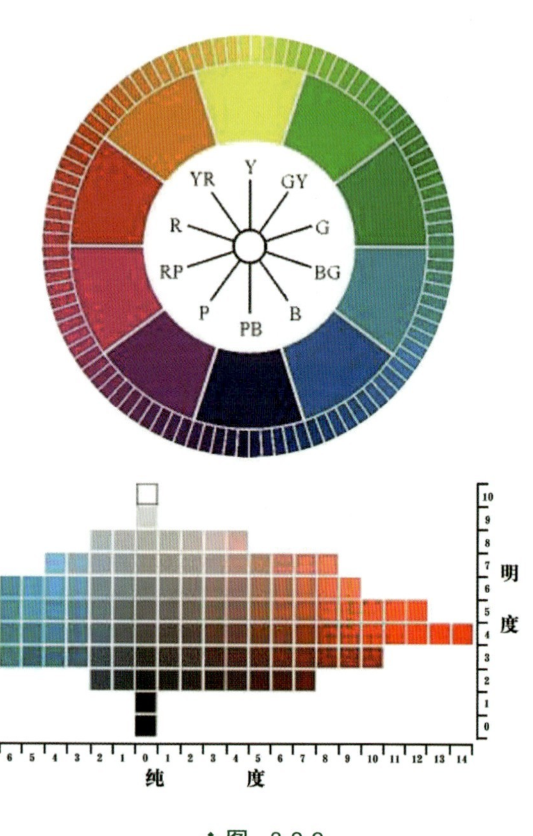

❖图 3-2-9

学生作业赏析

优秀学生作业见图 3-2-10～图 3-2-13。

❖图 3-2-10

❖图 3-2-11

❖图 3-2-12

❖图 3-2-13

3.3 色彩的对比

3.3.1 色彩三要素的对比

1. 色彩的组合

色彩很少独立使用，当一种色彩与另一种色彩组合在一起时，它的含义或者视觉通常会发生变化。如粉红色与红色在一起，会加强色彩的情感，使色彩与爱情自然地联系在一起；黑色与红色在一起，会有一种神秘与暴力的感觉，这使色彩的组合具有一种特别的意义。

色彩关系的和谐既可以通过相似色配色的原则，也可以运用对比色配色的原则。相似和谐可以运用同色相搭配，由于来自同一色相，色调上就自然一致，只是在明度和纯度上有所区别。

2. 色彩的对比

色彩对比是指两种以上的色彩能比较出明确的差别时，它们的相互关系就称为色彩的对比关系，即色彩的对比。对比最大特征就是产生比较作用，甚至使人产生错觉。色彩间差别的大小，决定着对比的强弱（图 3-3-1），暖色调的弱对比体现了室内的和谐与温暖，所以说差别是对比的关键。

❖图 3-3-1

色彩对比分为明度对比、纯度对比、色相对比、冷暖对比、同时对比、连续对比、色彩的面积对比。每一组对比都不是纯粹的对比，如色相对比中难免存在明度对比或纯度对比。

3. 同时对比与连续对比

当两种或两种以上颜色同时放在一起，双方都会把对方推向自己的补色。如红和绿放在一起（图 3-3-2），红的更红，绿的更绿；黑和白放在一起，黑的更黑，白的更白，这种现象属于色彩的同时对比。色相对比、纯度对比、明度对比（图 3-3-3）都属于同时对比整体中的各个部分。

❖图 3-3-2　　❖图 3-3-3

连续对比与同时对比都是视觉生理条件的作用所造成的，它们出于一个原因，但发生在不同的时间条件。同时对比主要是指同一时间颜色的对比效果，连续对比是指不同时间的条件下，或者在时间运动的过程中，不同颜色刺激之间的对比。如当我们长久注视一块红色之后，去看别的地方，看到的东西发绿；当我们适应暖色光的环境后，突然来到正常光线下，会觉得颜色发冷。这种视觉残像属于色彩的连续对比。掌握色彩的连续对比的规律，可以使设计师利用它加强视觉传达的印象或用于减轻紧张工作造成的视觉疲劳。

4. 以对比为主的色彩构成法

1）明度对比的基本类型

两种以上色相组合后，由于明度不同而形成的色彩对比称为明度对比。它是色彩对比的一个重要方面，是决定色彩方案感觉明快、清晰、沉闷、柔和、强烈、朦胧与否的关键。

明度对比大体上划分为 3 种对比关系，以孟塞尔色立体的明度色阶表作为划分等级的参照标准。该表从黑至白共有 11 个等级（图 3-3-4），凡颜色明度差在 3 个级数差之内的为明度弱对比，在 3~5 个级数差之内的为明度中间对比，在 5 个级数差以上的为明度强对比。

色彩的认知度主要取决于形状与周围色彩的关系，特别是它们之间的明度对比关系。明度对比强，色彩的认知度就高，图形也就越清楚。

色彩的认识度向我们提供了一个有基本意义的规律：在色彩构图中，突出形态主要靠明度对比。因此，要想使一种色彩的形态产生有力的影响，必须使它和周围的色彩有强烈的明度差。反之，要想削弱一种形态的影响，就应该缩小它和背景的明度差。

掌握色彩的认知度需要有辨别色彩明度的能力。识别有彩色的明度比识别无彩色的明度（黑、白、灰）困难得多。通过对色彩认知度的分析我们发现，人的视觉对明暗对比是极其敏感的，当画面出现强度对比时，引人注目的明暗对比会分散视觉对其他色彩效果的注意力，等于减弱了色彩其他性质的力

N10 白
N9
N8
N7
N6
N5
N4
N3
N2
N1
N0 黑

❖图 3-3-4

量（图 3-3-5）。正是这个原因，使得一切色彩效果都与控制色彩的明度有关。

❖图 3-3-5

明度对颜色的同时对比也有着影响。当我们需要强调颜色的同时对比时，应尽量抑制明度对比；当想减弱颜色的同时对比时，应加大明度对比。在色彩的空间混合中，色点在保持一定面积的情况下，弱对比会使色点形状模糊起来，易于发生色的视觉混合，色相对比强烈，而明度接近，整体的效果也会融为一体；反之，形状部分就会突出。

如果我们从明度、冷暖性质对色彩的空间效果进行分析，明度高、暖色向前迫近，明度低、冷色向后退。明度的对比和冷暖的对比会产生色彩的空间效果。其对比强弱与色彩在明度等差色级数相同，通常把 1~3 级划为低明度区，4~6 级划为中明度区，7~9 级划为高明度区。在选择色彩进行组合时，当基调色与对比色间隔距离在 5 级以上时，称为长（强）对比，3~5 级时称为中对比，1~2 级时称为短（弱）对比。据此可划分为 9 种明度对比基本类型（图 3-3-6~图 3-3-9）。

❖图 3-3-6

❖图 3-3-7

❖图 3-3-8

❖图 3-3-9

（1）高长调，如 9∶8∶1 等，其中 9 为浅基调色，面积应大，8 为浅配合色，面积也较大，1 为深对比色，面积应小。该调明暗反差大，感觉刺激、明快、积极、活泼、强烈。

（2）高中调，如 9∶8∶5 等，该调明暗反差适中，感觉明亮、愉快、清晰、鲜明、安定。

（3）高短调，如 9∶8∶7 等，该调明暗反差微弱，形象不易分辨，感觉优雅、少淡、柔和、高贵、软弱、朦胧、女性化。

（4）中长调，如 4∶5∶9 或 6∶5∶1 等，该调以中明度色作基调、配合色，用浅色或深色进行对比，感觉强硬、稳重中显生动、男性化。

（5）中中调，如 4∶6∶8 或 5∶6∶2 等，该调为中对比，感觉较丰富。

（6）中短调，如 4∶5∶6 等，该调为中明度弱对比，感觉含蓄、平板、模糊。

（7）低长调，如 1∶3∶9 等，该调深暗而对比强烈，感觉雄伟、深沉、警惕、有爆发力。

（8）低中调，如 1∶3∶6 等，该调深暗而对比适中，感觉保守、厚重、朴实、男性化。

（9）低短调，如 1∶2∶3 等，该调深暗而对比微弱，感觉沉闷、忧郁、神秘、孤寂、恐怖。

另外，还有一种最强对比的 1∶9 最长调，感觉强烈、单纯、生硬、锐利、炫目等（表 3-3-1）。

表 3-3-1 9 种明度对比基本类型

	高明度基调（高调）	中明度基调（中调）	低明度基调（低调）	特 点
弱对比（短调）	高短调	中短调	低短调	统一、单纯、光感弱、不明朗、模糊、含糊、平面感强、形象不易看清楚
中对比（中调）	高中调	中中调	低中调	适中、协调、易平淡

续表

	高明度基调（高调）	中明度基调（中调）	低明度基调（低调）	特　点
强对比（长调）	高长调	中长调	低长调	强烈有力、清晰、锐利、明白、刺眼、光感强、体感强
优点	淡雅、清新、轻快、柔软、明朗、娇媚、纯洁	中庸、平凡、朴素、稳静、老成、庄重、刻苦	沉重、浑厚、强硬、刚毅、神秘	
缺点	疲劳、冷淡、柔弱、病态	呆板、贫穷、无聊	黑暗、阴险、哀伤	

2）色相对比的基本类型

两种以上色彩组合后，由于色相差别而形成的色彩对比效果称为色相对比。它是色彩对比的一个根本方面，其对比强弱程度取决于色相之间在色相环上的距离（角度），距离（角度）越小对比越弱；反之则对比越强。如湖蓝与钴蓝相比，湖蓝带绿味，钴蓝带紫味，在对比中，这两种颜色的特征更明确了。

色相对比包括以下几种。

（1）同一色相对比：在色环上顺序相邻的基础色相（图 3-3-10），如红与橙、黄与绿、橙与黄这样的邻近颜色的对比称邻近色相对比。属于色相最弱对比范畴（图 3-3-11）。它最大的特征是其明显的统一性，在统一中不失对比的变化。

（2）类似色相对比：是弱的色相对比效果（图 3-3-12）。常用于突出某一色相的色调，注重色相的微妙变化（图 3-3-13）。

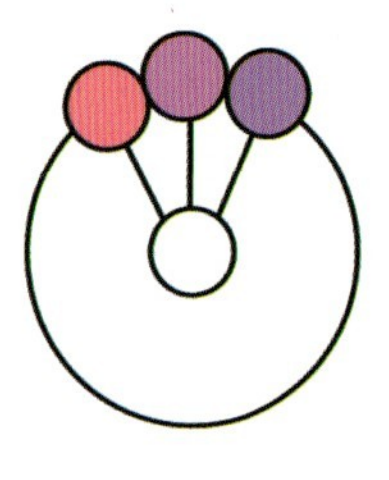

❖图　3-3-10

❖图　3-3-11

❖图 3-3-12

❖图 3-3-13

（3）对比色相对比（图 3-3-14）：比类似色相对比鲜明、饱满、丰富、强烈，使人兴奋、激动，不易单调，但处理不好容易杂乱，如图 3-3-15 所示。

（4）互补色相对比：在色环直径两端的色为互补色。确定两种颜色是否为互补关系（图 3-3-16），最好的方法是将它们相混，看是否能产生中性灰色，如达不到就要对色相成分进行调整才能找到准确的补色。一对补色并置在一起，可以使对方的色彩更鲜明。

最典型的互补色对是红和绿、黄和紫、蓝和橙。黄和紫互补色对由于明暗对比强烈，色彩个性悬殊，是补色中最突出的一对；蓝和橙互补色对明暗对比居中，冷暖对比最强，活跃而生动；红和绿互补色对（图 3-3-17）明度接近，冷暖对比居中，因而相互强调的作用非常明显。补色对比的对立性促使对立双方的色相更加鲜明。

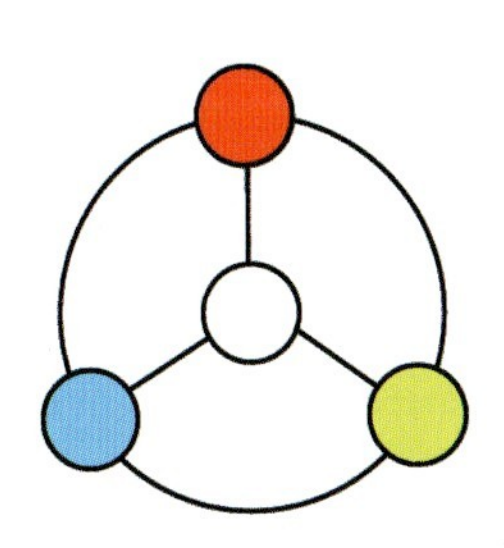

❖图 3-3-14

❖图 3-3-15

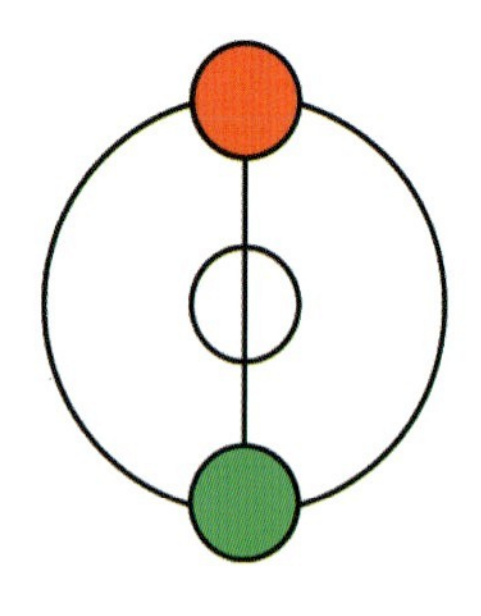

❖图 3-3-16

❖图 3-3-17

表 3-3-2 色相对比的特点

色相对比	特 点
同一色相对比（最弱色相对比）	色相十分近似，色调容易和谐统一，具有单纯、柔和、高雅、文静、朴素和融洽的效果。但易单调，形态易模糊，注目性弱
类似色相对比（弱色相对比）	因色相之间含有共同的因素，色相对比明显、丰富、活泼，因而既显得统一、和谐、雅致，又略显变化，使之耐看
对比色相对比（强色相对比）	比类似色相对比鲜明、明确、饱满、丰富、强烈，对比效果鲜明、使人兴奋、激动，不易单调。但处理不好容易杂乱
互补色相对比（最强色相对比）	比对比色相对比更强烈、更丰富、更完美、更有刺激性；能满足视觉全色相的要求，取得视觉生理上的平衡，既互为对立又互为需要。但如果运用不当，特别是高纯度的互补色相，则会过分刺激，不含蓄、不雅致

以色相对比为主构成的色调，分为高、中、低纯度类似色相构成，高、中、低纯度对比色相构成，高、中、低纯度互补色相构成。色相比对的特点见表 3-3-2。色相之间的明度、纯度可以自由灵活地选择，只是色相之间的关系必须是类似、对比、互补关系（图 3-3-18~图 3-3-21）。

❖图 3-3-18

❖图 3-3-19

❖图 3-3-20

❖图 3-3-21

3）纯度对比的基本类型

纯度对比既可以是色立体上每一种色相的彩度等级对比，也可以是对色彩中纯色与含有黑、白、灰的色彩的对比，当然，实际上还应该包括各种含有黑、白、灰色的色彩的对比。

两种以上色彩组合后，由于纯度不同而形成的色彩对比效果称为纯度对比。它是色彩对比的另一个重要方面，但因其较为隐蔽、内在，故而易被忽视。在色彩设计中，纯度对比是决定色调华丽、高雅、古朴、粗俗、含蓄与否的关键。其对比强弱程度取决于色彩在纯度等差色标上的距离，距离越长对比越强；反之则对比越弱。如按孟塞尔色立体的规定：红的最高纯度为 14，而蓝绿的最高纯度为 6，所以很难规定一个统一标准。为了说明问题，现将各色相的纯度统分为 12 个阶段（图 3-3-22）。

低纯度					中纯度				高纯度			
0	1	2	3	4	5	6	7	8	9	10	11	12

❖图 3-3-22

如将灰色至纯鲜色分成 12 个等差级数，通常把 0~4 级划为低纯度区，9~12 级划为高纯度区，5~8 级划为中纯度区。在选择色彩组合时，当基调色与对比色间隔距离在 8 级以上时，称为强对比；5~8 级时称为中对比；4 级以下时称为弱对比。

据此可划分出 9 种纯度对比基本类型（图 3-3-23~图 3-3-26）。

❖图 3-3-23

❖图 3-3-24

❖图 3-3-25

❖图 3-3-26

（1）鲜强调，如 12 ：10 ：1 等，感觉鲜艳、生动、活泼、华丽、强烈。

（2）鲜中调，如 12 : 10 : 6 等，感觉较刺激、较生动。

（3）鲜弱调，如 12∶10∶9 等，由于色彩纯度都高，组合对比后互相抵制、碰撞，故感觉刺目、俗气、幼稚、原始、火爆。如果彼此距离大，这种效果将更为明显、强烈。

（4）中中调，如 5∶6∶12 等，感觉适当、大众化。

（5）中中调，如 7∶8∶1 等，感觉温和、静态、舒适。

（6）中弱调，如 5∶6∶7 或 8∶7∶6 等，感觉平板、含混、单调。

（7）灰强调，如 1∶3∶12 等，感觉大方、高雅而又活泼。

（8）灰中调，如 1∶3∶7 等，感觉沉静、较大方。

（9）灰弱调，如 1∶3∶4 等，感觉雅致、细腻、耐看、含蓄、朦胧。

另外，还有一种最弱的无彩色对比，如白∶黑、深灰∶浅灰等，由于对比各色纯度均为零，故感觉非常大方、庄重、高雅、朴素。

色彩三要素的对比应用实例见图 3-3-27 和图 3-3-28。

❖图 3-3-27

❖图 3-3-28

学生作业赏析

优秀学生作业见图 3-2-29～图 3-2-37。

❖图　3-3-29

❖图　3-3-30

❖图　3-3-31

❖图　3-3-32

❖图 3-3-33

❖图 3-3-34

❖图 3-3-35

❖图 3-3-36

❖图 3-3-37

3.3.2 色彩的其他对比形式

1. 冷暖对比

因色彩感觉的冷暖差别而形成的对比称为冷暖对比。色相环上的色相大体可以分为两部分，一部分为暖色，如紫红、红、橙、黄、黄绿，一部分为冷色，如绿、蓝绿、蓝。人对色彩的冷暖感觉基本取决于色调。

冷色：给人感觉寒冷、清爽、空气感、空间感。

暖色：给人感觉热烈、热情、刺激、有力量、喜庆等。

冷色	阴影	透明	镇静	稀薄	空气感	远	潮湿	理智	圆滑的曲线形	流动	冷静
暖色	阳光	不透明	刺激	稠密	土质感	近	干燥	感性	方角的直线形	静止	热烈

红、橙、黄等颜色使人联想到阳光、烈火，故称暖色。如图 3-3-38 中燃烧的森林，即使你没看到图，一听到火，人们肯定会想到红色、灼热的感觉。

绿、青、蓝等颜色与黑夜、寒冷相关联，称为冷色。如图 3-3-39 中夜晚被灯光照亮的豪华别墅，感觉冷冷的。

❖ 图 3-3-38

❖ 图 3-3-39

红色给人积极、跃动、温暖的感觉。蓝色给人冷静、消极的感觉。

绿与紫是中性色彩，刺激小，效果介于红与蓝之间。中性色彩使人产生轻松的情绪，可以避免产生疲劳感。

色彩的冷暖效果还需要考虑其他因素。例如，暖色系色彩的饱和度越高，其温暖的特性越明显；而冷色系色彩的亮度越高，其寒冷的特性越明显。

在色彩冷暖对比中，首先找出最暖色——橙，定为暖极。再找出最冷色——蓝，定为冷极。橙与蓝正好为一组互补色，即色相对比中的补色对比。冷暖对比即色相对比的又一种表现形式。

根据孟塞尔色相环的10个主要色相，由暖极橙到冷极蓝可划分出6个冷暖区，如图3-3-40所示。

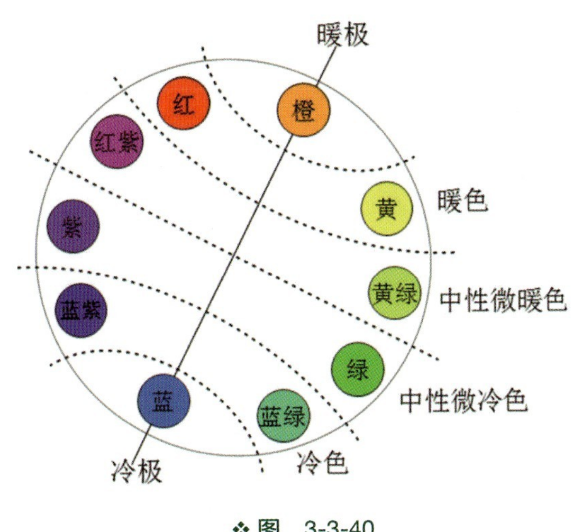

❖图 3-3-40

冷暖对比关系如下。

（1）冷暖的极色对比即冷暖的最强对比。

（2）冷极色与暖色的对比、暖极色与冷色的对比为冷暖的强对比。

（3）暖极色、暖色与中性微冷色，冷极色、冷色与中性微暖色的对比为冷暖的中等对比。

（4）暖极色与暖色、冷极色与冷色、暖色与中性微暖色、冷色与中性微冷色、中性微冷色与中性微暖色的对比为冷暖的弱对比。

以冷色为主可构成冷色基调。以暖色为主可构成暖色基调（图3-3-41~图3-3-44）。以上是根据最纯色相划分的冷暖对比情况。色彩的冷暖对比还受明度及纯度的影响。

❖图 3-3-41

❖图 3-3-42

❖图 3-3-43

❖图 3-3-44

2. 面积对比

面积对比是指各种色彩在画面构图中所占面积比例多少而引起的明度、色相、纯度、冷暖对比。

色彩构成中，色彩面积的大小直接关系到色彩意向的传达。大面积的色容易形成调子，小面积的色容易突出。例如红色，当它的用色面积只占画面的 20% 时，在作品中起到了点缀作用（图 3-3-45）；如果用色面积占到 90% 时，给人的感觉会大不相同（图 3-3-46）。

❖图 3-3-45

❖图 3-3-46

用色面积大的颜色就是主色调（图 3-3-47 和图 3-3-48）。在一个作品中所用的色调不变，只改变各种色调所占的比例，将会得到意想不到的色彩效果。由此我们可以总结出色彩的使用技法——变换色调。这种方法很简单，变换作品中面积不同的色调，会得到另一种风格的作品。

❖ 图 3-3-47

❖ 图 3-3-48

3. 冷暖、面积对比的实例应用

图 3-3-49 为室内家具暖色调的应用。图 3-3-50 为电视背景墙的冷暖对比。图 3-3-51 为卧室色彩面积的对比。

❖ 图 3-3-49

❖ 图 3-3-50

❖ 图 3-3-51

学生作业赏析

优秀学生作业见图 3-3-52～图 3-3-59。

❖图　3-3-52

❖图 3-3-53

❖图　3-3-54

❖图 3-3-55

❖ 图 3-3-56

❖ 图 3-3-57

❖ 图 3-3-58

❖ 图 3-3-59

3.4 色彩的调和

1. 色彩调和的含义

色彩调和是指两种或两种以上的色彩有秩序、协调、和谐地组织在一起，能使心情愉快、喜欢、满足等的色彩搭配。

色彩调和的意义：有明显差别的色彩为了构成和谐统一的整体，必须经过调整，使之能自由地组织符合目的性的美的色彩关系。

2. 同一调和构成

当两种或两种以上的色彩因差别大而不调和时，增加各色的同一因素，使强烈刺激的各色逐渐缓和，增加的同一因素越多，调和越强，这种色彩调和的方法即同一调和。同一调和主要包括同色相调和、同明度调和、同纯度调和、非彩色调和。常用的调和方法如下。

（1）混入白色调和：在强烈刺激的色彩双方或多方（包括色相、明度、纯度过分刺激）混入白色，使之明度提高、纯度降低、刺激力减弱。

（2）混入黑色调和：在尖锐刺激的色彩双方或多方混入黑色，使双方或多方的明度、纯度降低，对比减弱。

（3）混入同一灰色调和：在尖锐刺激的色彩双方或多方混入同一灰色，实则为其同时混入白色和黑色，使其明度向该灰色靠拢，纯度降低，色相感削弱。

（4）混入同一原色调和：在尖锐刺激的色彩双方或多方混入同一原色（红、黄、蓝任选其一），使双方或多方的色相向混入的原色靠拢。

（5）混入同一间色调和：在强烈刺激的色彩双方或多方混入两原色，增强对比双方或多方的调和感。

（6）互混调和（防止过灰过脏）：在强烈刺激的色彩双方将其中的一色混入另一色，使之向对方的色相靠拢，纯度降低，对比削弱。

（7）点缀同一色调和：在画面点缀所占的面积小而分散的色彩。

（8）连贯同一色调和：当对比的各种色彩过分强烈刺激，显得十分不调和，或色彩过分含混不清时，为了使画面达到统一调和的色彩效果，用黑、白、灰、金、银或同一色线加以勾勒，使之既连贯又相互隔离而达到统一。

同一调和的方法很多，在色彩调和中，只要能增加色彩之间的同一因素，就可以使不调和的色彩变得调和统一。

3. 类似调和

类似调和即注重色彩要素的一致性，在色彩的明度、色相、纯度上追求相同元素的近似。要求某种元素完全相同，在其他元素上求变化，这是同一调和。如同一色相调和，色相不变，仅变化明度和纯度；或者明度和纯度都不变，只变色相。在色相、明度、纯度中，某种元素近似，变化其他元素求调和，就是类似调和。

4. 色彩的调和面积

小面积用高纯度的色彩，大面积用低纯度的色彩，容易获得色感觉的平衡。

5. 色彩与形象的统一

色彩与形象的统一包含着色彩与具象写实形态的统一和色彩与抽象形态的统一（图 3-4-1）。

红色、正方形：安定、量感、清楚明确。

黄色、三角形：明亮、锐利、神经质。

蓝色、圆形：圆滑、轻快、富于流动性。

在设计中，形象与色彩只有完美的统一，才能取得良好的效果。

❖ 图 3-4-1

6. 互补色调和

互补色调和是色相中最强烈的对比，具有炫目、紧张之感，可采用多种调和方法。应用得当，才能取得和谐统一的效果。

1）互补色的同一调和构成

任选一对互补色（图 3-4-2），在其中调入同一色相的调和方法，称为互补色的同一调和构成。可运用混白调和、混黑调和、混同一灰色调和、混同一原色调和、混同一间色调和、互补色互混调和、连贯同一色调和等方法。这种调和方式将互补色的明度或者纯度降低了，促使强烈刺激的互补色获得平稳的效果。

2）互补色互混的秩序调和构成

任选一对互补色，相互混合或者分别与同一灰色相混合，使之形成渐变推移或者是有节奏韵律的秩序。图 3-4-3 中两互补色之间的秩序越多调和感越强，同理，秩序越少调和感越弱。

❖图 3-4-2

❖图 3-4-3

3）互补色的面积调和构成

互补色其中一方面积占绝对优势的调和构成见图 3-4-4，其调和方式为任选一对互补色，使其中一色的面积占绝对优势，即其中一色在画面中占大部分面积，形成统治与被统治的关系，如红与绿、黄与紫。

互补色均势的面积调和构成见图 3-4-5，其调和方式为任选一对高纯度的互补色，根据视觉平衡所需要的面积比例，如高纯度的蓝色与橙色其面积比例为 1∶2 等，其效果既对比强烈又调和，在视觉中能取得平衡。

❖图 3-4-4

❖图 3-4-5

4）互补色的分割调和构成

任选一对面积相等的互补色，使之相互分割、穿插（图 3-4-6），让其面积变小以增强调和感，面积分割得越小，对比就越丰富，调和感就越强。

7. 互补色调和实例应用

图 3-4-7 中紫色的布艺沙发与进行了分割、渐变的黄色灯光形成互补调和。图 3-4-8 中紫色的灯光与柔和的黄橙色的灯光形成互补调和。图 3-4-9 中厨房空间中红、绿互补色形成分割调和。

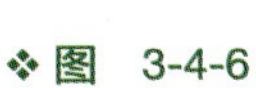

❖图 3-4-6

❖图 3-4-7

❖图 3-4-8

❖图 3-4-9

学生作业赏析

优秀学生作业见图 3-4-10～图 3-4-21。

❖图 3-4-10

❖图 3-4-11

❖ 图 3-4-12

❖图 3-4-13

❖图 3-4-14

❖图 3-4-15

❖图 3-4-16

❖图 3-4-17

❖图 3-4-18

❖图 3-4-19

❖图 3-4-20

❖图 3-4-21

3.5 色彩表达——色彩联想

1. 色彩的语言性与视觉心理效应

色彩的直接性心理效应来自色彩的物理光刺激。心理学家发现，在红色环境中，人的脉搏会加快，血压和情绪有所升高。而处在蓝色环境中，脉搏会减缓，情绪也较沉静。科学家还发现颜色能影响脑电波，红色的反应是警觉，蓝色的反应是放松。

每一个空间都有自身的气氛，它可以是温馨的、友好的，也可以是知识的、紧张的，或者是商务的。不同的功能空间需要不同的色彩，舞厅的色彩一定与咖啡厅不一样，这是色彩需要设计的最好理由。空间的色彩运用浅色还是深色，影响其长度、宽度和高度。

2. 色彩的象征性

冷色与暖色是依据心理错觉对色彩的物理性分类，对于颜色的物质性印象，大致有冷暖两个色系。红、橙、黄色的光本身有暖和感。紫、蓝、绿色光有寒冷的感觉，夏日我们关闭白炽灯，打开荧光灯，就会有一种凉爽的感觉。颜料也是如此，如在冷饮的包装上使用冷色调，视觉上会营造冰冷的感觉（图 3-5-1）；冬日把窗帘换成暖色，就会增加室内的暖和感（图 3-5-2）。以上的冷暖感觉并非来自物理上的真实温度，而是与我们的视觉经验和心理联想有关。

❖图 3-5-1

❖图 3-5-2

冷色与暖色还会带来一些其他感受，如重量感、湿度感等。例如，暖色偏重，冷色偏轻；暖色有厚实的感觉，冷色有稀薄的感觉；两者相比，冷色有透明感，暖色透明感较弱；

冷色显得湿润，暖色显得干燥；冷色有退远的感觉，暖色有迫近感，这些感觉都是由于心理作用而产生的主观印象，属于一种心理错觉。

无论有彩色还是无彩色，都有自己的表情特征。每一种色相，当它的纯度或明度发生变化，或者处于不同的搭配时，颜色的表情也就随之改变了。如红色是热烈冲动的色彩，在蓝色底上像燃烧的火焰，在橙色底上却暗淡了；橙色象征着秋天，是一种富足、快乐而幸福的颜色；黄色像光芒，象征着权力与财富，但黄色如果掺入黑色与白色，它的光辉就会消失；绿色优雅而美丽，无论掺入黄色还是蓝色仍旧很好看，黄色绿单纯年轻，蓝色绿清秀豁达，含灰的绿宁静而平和；蓝色是永恒的象征；紫色给人以神秘感，等等。

色彩对感情的表达完全依赖于个人的感觉、经验和想象力，没有固定模式。

3. 色彩的轻重感

各种色彩给人的轻重感不同，色彩的重量感是质感与色感的复合感觉。例如，图 3-5-3 中两个体积、重量相等，但颜色不相同的手提包，用手提、目测两种方法判断手提包的重量。结果发现，仅凭目测难以对重量做出准确地判断。目测手提包的颜色会得出结论：浅色密度小，有一种向外扩散的运动现象，给人质量轻的感觉；深色密度大，给人一种内聚感，从而产生分量重的感觉。

❖图 3-5-3

4. 色彩的膨胀与收缩

比较两种颜色（一黑一白）而面积相等的正方形可以发现一个有趣的现象，即大小相等的正方形，由于表面色彩不同，能够赋予人不同的面积感觉。白色正方形似乎比黑色正方形的面积大。这种因心理因素导致的物体表面积大于实际面积的现象，称为“色彩的膨胀性”；反之称为“色彩的收缩性”。给人膨胀或收缩感觉的色彩分别称为“膨胀色”“收缩色”。色彩的胀缩与色调密切相关，暖色为膨胀色，冷色为收缩色。

5. 色彩的前进性与后退性

等距离的两种颜色可给人不同的远近感。如图 3-5-4 中黄色与蓝色以黑色为背景时，人们往往感觉黄色比蓝色近。换言之，黄色有前进性，蓝色有后退性。较底色突出的前进性的色彩称为“进色”；较底色暗淡的后退性的色彩称为“退色”。

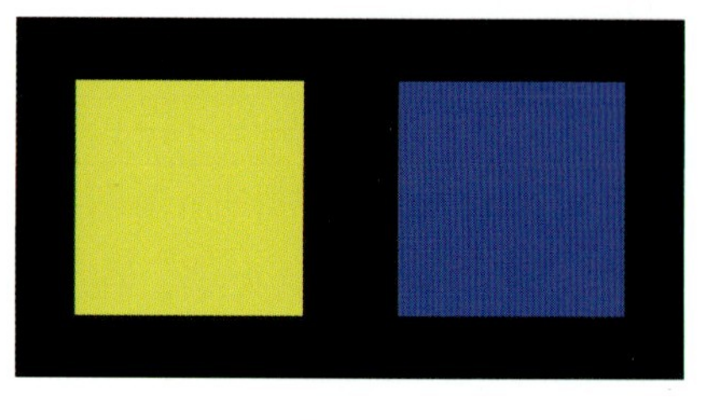

❖图 3-5-4

一般而言，暖色比冷色更富有前进的特性。两色之间，亮度偏高的色彩呈前进性，饱和度偏高的色彩也呈前进性。但是色彩的前进与后退不能一概而论，色彩的前进、后退与背景色密切相关。如在白背景前，属暖色的黄色给人后退感，属冷色的蓝色却给人前进感。

6. 色彩的艳丽与素雅

一般认为，如果是单色，饱和度高，则色彩艳丽，饱和度低，则色彩素雅。除了饱和度外，亮度也有一定的关系。不论什么颜色，亮度高时，即使饱和度低也给人艳丽的感觉。因此，色彩是艳丽还是素雅，取决于色彩的饱和度和亮度，亮度尤为关键。高饱和度、高亮度的色彩显得艳丽。我们可以从图 3-5-5 中的一组变化饱和度、亮度的图片，直接感受艳丽与素雅的效果。

❖图 3-5-5

混合色的艳丽与素雅取决于混合色中每一单色本身具有的特性及混合色各方的对比效果。所以对比是决定色彩艳丽与素雅的重要条件。此外，结合色彩心理因素，艳丽的色彩一般和动态、快活的感情关系密切，素雅的色彩与静态的抑郁感情紧密相连。

7. 各颜色的联想意义

色彩除了上述几种特性之外，还具有联想意义。对色彩的联想，年龄不同，结果也不一样，例如，中学生看到白色，容易联想到墙、白雪、石膏、白兔等；成年人可能会想到护士、正义等。白色象征纯洁、神圣的事物，例如，新娘的婚纱都是用的白色，代表婚姻的神圣和严肃。

1）红色

红色视觉刺激强，让人感觉活跃、热烈、兴奋、活泼、热情、积极、希望、忠诚、健康、幸福、有朝气。红色往往与吉祥、好运、喜庆相联系，是节日、庆祝活动的常用色。同时，红色又易使人联想到血液和火炮，有一种生命感、跳动感、危险感、恐怖感。灭火器、消防车都是红色的。红色历来是我国传统的喜庆色彩。

2）黄色

黄色是明亮和娇美的颜色，有很强的光明感，使人感到明快和纯洁。幼嫩的植物往往呈淡黄色，又有新生、单纯、天真的感觉，还可以让人想起的蛋黄、奶油及其他食品。

黄色又与病弱有关，植物的衰败、枯萎也与黄色相关联。因此，黄色又使人感到空虚、贫乏和不健康。含白的淡黄色使人感觉平和、温柔，深黄色却有高贵感、庄严感。因为极易被人发现，黄色还被用作安全色，如室外作业的工作服。

3）橙色

橙色兼有红色与黄色的优点，明度柔和，使人感到温暖、明快、活泼、华丽、辉煌、跃动、炽热、温情、甜蜜、愉快。一些成熟的果实往往呈现橙色，富于营养的食品（面包、糕点）也多是橙色。因此，橙色又易引起营养、香甜的联想，是易于被人们所接受的颜色。在特定的国家和地区，橙色又与欺诈、嫉妒有联系。

4）蓝色

蓝色是极端的冷色，具有沉静和理智的特性，恰好与红色相反。蓝色给人沉静、冷淡、理智、高深、透明之感，随着太空事业的不断开发，它又有了象征高科技的强烈现代感。蓝色易产生清澈、超脱、远离世俗的感觉。深蓝色会使人产生低沉、郁闷和神秘的感觉，也会产生陌生感、孤独感。

5）绿色

绿色兼具蓝色的沉静和黄色的明朗，又与自然界的生命相一致，因此具有平衡人类心境的作用，是易于被接受的色彩。绿色又与某些尚未成熟的果实的颜色一致，因而会引起酸与苦涩的味觉。深绿易使人产生低沉感、消极感、冷漠感。黄绿带给人们春天的气息，蓝绿、深绿是海洋、森林的色彩，有着深远、稳重、沉着等含义。含灰的绿，如橄榄绿、墨绿等色彩给人以成熟、老练的感觉，广泛用于军事领域。

6）紫色

紫色具有优美、高雅、神秘、高贵、庄重、奢华、雍容华贵的气度，有时也有孤寂感、消极感。紫色既有红的个性，又有蓝的特征。暗紫色会给人低沉、烦闷、神秘的感觉。

7）黑色

黑色为无色相无纯度之色，往往给人感觉沉静、神秘、严肃、庄重、含蓄，另外，也易让人产生悲哀、恐怖、不祥、沉默、消亡、罪恶等消极印象。尽管如此，黑色的组合适应性却极广，无论什么色彩，特别是鲜艳的纯色与其相配，都能取得赏心悦目的良好效果。但是黑色不能大面积使用，否则，不但其魅力大大减弱，而且会产生压抑、阴沉的恐怖感。

8）白色

白色给人洁净、光明、纯真、清白、朴素、卫生、恬静之感。在它的衬托下，其他色彩会显得更鲜丽、更明朗。多用白色还可能产生平淡无味的单调、空虚之感。

9）灰色

灰色是中性色，其突出的性格为柔和、细致、平稳、朴素、大方，它不像黑色与白色那样会明显影响其他色彩，因此，作为背景色彩非常理想。任何色彩都可以和灰色相混合，略有色相感的含灰色能给人以高雅、细腻、含蓄、稳重、精致、文明而有素养的高档感觉。当然滥用灰色也易暴露其乏味、寂寞、忧郁、无激情、无兴趣的一面。

8. 色彩象征的实例应用

古代宫殿中的色彩具有象征意义，如金色与红色的搭配象征了权力与地位（图 3-5-6）。

❖图 3-5-6

学生作业赏析

优秀学生作业见图 3-5-7～图 3-5-12。

❖ 图　3-5-7

❖ 图　3-5-8

❖ 图　3-5-9

❖ 图　3-5-10

❖ 图　3-5-11

❖ 图　3-5-12

3.6 色彩空间——空间混合

1. 空间混合（并置混合）

将不同的颜色并置在一起，当它们在视网膜上的投影小到一定程度时，这些不同的颜色刺激就会同时作用到视网膜上非常相近部位的感光细胞，以致眼睛很难将它们独立地分辨出来，就会在视觉中产生色彩的混合。由于空间距离和视觉生理的限制，眼睛辨别不出过小或过远物象的细节，把各种不同色块感受成一个新的色彩，这种混合称为空间混合，又称为并置混合。

两种或多种颜色穿插、并置在一起，于一定的视觉空间之外，能在人眼中造成混合的效果，即称为空间混合。

2. 形成空间混合的原因

（1）胶版印刷只用品红、黄、蓝三色网点和黑色网点，可以印出各种丰富多彩的画面，除重叠部分的网点产生减色混合外，都是色点的并置混合，这种混合叫作近距离空间混合。

（2）空间混合的距离是由参加混合色点（或块）面积的大小决定的，点或块的面积越大，形成空间混合的距离就越远。

3. 空间混合构成做法

色数不限，以油画、水粉画、水彩画、色彩照片等为依据（风景、人物、静物均可），起稿后，将画面分成面积相等或不等、形状相同或不同的小块，再用稀水粉色淡淡地画出所选画的色调，在此基础上，加以概括、提炼，使之色相感增强、纯度提高，达到近看色彩强烈而有装饰性，远看色彩既丰富又统一的效果。

空间混合的效果取决于以下 3 个方面。

（1）色形状的肌理，即用来并置的基本形，如小色点（圆或方形）、色线、风格、不规则形等。这种排列越有序，形越细、越小，混合的效果越单纯。否则，混合色会杂乱、炫目，没有形象感。

（2）并置色彩之间的强度，对比强，空间混合的效果不明显。

（3）观者距离的远近，空间混合制作的画面，近看色点清晰，但是没有什么形象感，只有在特定的距离以外才能获得明确的色调和图形。这种构成方法是科学地将色彩加以分解，如绿色可以分解为黄色块与蓝色块，黄色块多则为黄绿，蓝色块多则为蓝绿，等等。

4. 空间混合产生的必要条件

（1）对比各方的色彩比较鲜艳，对比较强烈。

（2）色彩的面积较小，形态为小色点、小色块、细色线等，并呈密集状。

（3）色彩的位置关系为并置、穿插、交叉等。

（4）有相当的视觉空间距离。

5. 空间混合实例应用

图 3-6-1 和图 3-6-2 中酒店大厅墙壁与室内阁楼客厅墙壁均采用了马赛克拼贴的空间混合形式。

❖图 3-6-1

❖图 3-6-2

学生作业赏析

优秀学生作业见图 3-6-3~图 3-6-8。

❖图 3-6-3

❖图 3-6-4

❖图 3-6-5

❖图 3-6-6

❖图 3-6-7

❖图 3-6-8

模块 4 立体构成概述

除了平面上塑造形象与空间感的图案及绘画艺术外，其他各类造型艺术都应划归为立体艺术与立体造型设计的范畴。它们的特点是以实体占有空间、限定空间，并与空间一同构成新的环境、新的视觉产物，人们称为空间艺术。

空间艺术作品无论其表现形式如何，必有共通的规律可循。近年来，人们对此进行了不懈的探索，总结出以立体构成作为空间艺术基础的经验（类似绘画中的基础是素描、色彩一样）。了解和研究立体构成，并通过训练掌握其原理及构成形式、过程和方法，对设计者而言非常重要。

立体是实际占有空间的实体。它与平面中所表现出来的立体感截然不同。

立体构成是一门研究在三维空间中如何将点、线、面、体的造型要素按照一定的形式美法则组合成新的、美的立体形态的学科。立体构成是用各种较为简单的材料来训练造型能力和构成能力的一门学科，它对立体形态进行科学的解剖，以便重新组合、排列创造出新的造型。立体构成还是包括技术、材料、加工、设计在内的综合能力训练，可以为将来的专业设计积累大量的基础素材。

平面中表现的空间深度和层次是单纯视觉的，它运用透视法来表现立体的效果。而立体则是在空间中占有位置的实体，我们可以围绕着它切换成任意角度，前后左右地观看。小的立体形态还可以拿在手中翻来覆去地观赏，盲人可以靠手的触摸体会到它的形象，所以立体的形与面的形是不同的，立体的形不是绘画平面中的轮廓的概念，而是从不同角度观看时产生的不同形态。

4.1 立体构成基本元素

立体形态无论是人工的还是自然的，出于构成理论的需要，都可以归纳为粒体、线体、面体、块体 4 种最基本的形态。用它们分别可以构成点限空间、线限空间、面限空间、体限空间。这 4 种构成形式为立体的基本构成形式。

平面构成是有意识地将点、线、面各因素组织创造出一个两度体世界。立体构成是平面构成的延续，把平面构成中的点、线、面立体化，它是一个三度体世界，比平面构成复杂得多。

点：立体构成中的点是小而集中的立体形态，有形态、大小、方向及位置的变化，即把平面构成中的点加以体积化。它可以被理解成一个乒乓球或一个金属球等，但可以因对比环境的变化而转变。立体构成中的点常用来强调节奏感与对比感，起到画龙点睛的作用。

线：立体构成中的线是构成空间立体的基础。它把平面构成中的线加以体积化。它可以理解为一根玻璃棒或一根木条等。线通过不同组合，可以构成千变万化的空间形态。立体构成中的线是相对细长的造型，是体的骨格与框架，常用来表现运动感、力度感、透气感与韵律感。

面：立体构成中的面是相对于体而言的，具有长、宽两个方向和非常薄的厚度。它可以理解成一张纸或一块木板等，体现了体的表面特征。面的不同组合方式可以构成丰富的空间形体，表现透空、轻盈、延伸等特征。

体：立体构成中的体，体现了长、宽、厚的三维空间。它可以由面组合而成，也可以由面运动而形成。它可以理解为一块砖或者是一块木块、铁块等。体的多种组合方式可以构成千变万化的空间特征，表现出浑厚、稳重、大气的感觉。

1. 点限空间（粒体构成）

由相对集中的粒体构成的立体空间形式称为点限空间（粒体构成）。它给人以活泼、轻快和运动的感觉。

粒体具有点的造型形式特点，在立体构成中是形体的最小单位。只要足够小，粒体的形象可以是任意的。就如同衣服上的扣子，虽然起着点缀的作用，但其造型可以是形形色色的。

点限空间构成中，粒体的大小不允许超过一定的相对限度，否则就会失去自身的性质而变成块体的感觉了。用众多数量的粒体做构成时，要处理好它们之间的大小、距离和疏密、均衡关系。通常，粒体构成需要与线体或面体、块体等配合，才能支撑、附着或悬吊。如图 4-1-1 中建筑物墙体上的粒体装饰，靠面体、块体的配合得以附着在墙面上。

2. 线限空间（线体构成）

通过线体的排列、组合所限定的空间形式即线限空间（线体构成）。它具有轻盈、剔透的轻巧感，可以创造出朦胧、透明的空间效果，其风格比较抒情，故常直接用于装饰环境的空间雕塑（图 4-1-2）。如将线的形态（粗、细、截面、方、圆、多角、异形的线等）、构成方法和色彩诸因素充分调动，将会创造出各种不同意趣的空间形象。

❖图 4-1-1

❖图 4-1-2

在立体构成中，线体比粒体的表现力更强、更丰富。比如，直线体具有刚直、坚定、明快的感觉，曲线体具有温柔、活跃、轻巧的感觉。当然，这是总的特征，因为线体的粗细不同，还相应有各自的特色，如略粗的直线体构成会显得沉着有力；细的直线体构成会显得脆弱、敏捷、秀丽等。

线体无论曲、直、粗、细，与块体相比，给人的感觉都是轻快的。线体的构成肯定有很多空隙，这些空隙是不可忽视的空间形态。线体构成的杂乱会造成混乱的空间，失去空间感和美感。

在线体的构成中，起主要作用的因素是长短、粗细及方向。

3. 面限空间（面体构成）

用面体限定空间的形式即面限空间（面体构成）。它可分为平面空间和曲面空间两类。由于面体的形态很多，所以面限空间可以构成各种各样的空间形态。用它可以创造出表达各种意境、形式、功能的空间。

面体给人一种向周围扩散的力感，即张力感。这是由于它具有薄与幅面的特征。如厚度过大，就会使其丧失自身的特征而失去张力，显得笨重。

用面体构成，每块面体的厚度与正面形态应首先确定下来，在将它们组织到一个空间内时，要着重研究、处理好以下几个方面的问题：面体与面体的大小比例关系、放置方向、相互位置、距离的疏密。要根据构成目的调整好诸面体之间的关系，以达到最佳的预期效果。

4. 体限空间（块体构成）

具备三维（长、宽、高）条件的实体限定空间的形式即体限空间（块体构成）。块体没有线体和面体那样轻巧、锐利和有张力感，它给我们的感觉是充实、稳重、结实、有分量，并能在一定程度上抵抗外界施加的力量，如冲击力、压力、拉力等。

因为体的形态很多，所以用它来限定和创造空间，几乎是无所不能的。如建筑群落限定的空间，公园里被精心修剪成各种几何形体的树木；室内陈设、广场中央屹立的纪念碑，都是人为创造的体限空间。

4.2 立体形态的表现形式

立体构成作品在创作程序中有以下 6 个要素。

1. 逻辑要素

“逻辑”一词的主要含义是：①思维的规律性；②客观的规律性。无论做什么事，思维首先应该是清晰的，有计划、有条理和有目的，并尊重客观规律，这样才能使所做的事尽善尽美。立体构成从构思到实现，都需要讲求逻辑性，因它有着明确的目的和价值，或作为基础训练，或实际应用，所以绝不应有所谓“下意识的”或漫无目的的构成活动出现。否则，立体构成将会失去自身的价值。

逻辑要素是怎样体现在立体构成之中的呢？让我们以一件立体构成作业从构思到实现的过程为例，加以说明。

作业课题为创造单纯而充满活力的构成。

面对课题，首先要认识到这是去掉了时代性、地方性、社会性、生产性等附加条件的纯粹造型活动，要求我们创造出能给人以某种抽象的心理感受的形体。其次需要思考什么样的形体会给人以充满活力的感受呢？“活力”，就是富有生命力，朝气蓬勃而充沛。一说到富有生命力的生命体，马上会使人联想到植物的种子、破土而出的幼芽、丰硕的果实、敏捷的动物、健美的人体，等等。再归纳这些具体形象的共性，我们可以得出：生命体可以使人感到由内向外的生长，饱满而结实，充满着内在的力量。所以，充满活力的形体无论如何不会是干瘪的、平面的、呆板的、生硬的，它应该是膨胀的、有量感、有动势的造型。现在，再加上“单纯”二字，就限定了我们要创造的形体。思维活动进行到此，朦胧的形态开始在脑海中出现了；可以取某种简单的几何形体进行构成，虽然这些几何形体给人以生硬的机械感，但它最符合“单纯”的课题要求，只要组织得当，就会构成像植物或动物等生命体一样的有机形体，给人以充满活力的感受。经过比较分析，几何体中的球体最终被选作此构成的主要形象。

接下来，在制作过程中又会遇到种种问题，诸如形体构成过于复杂会失去紧张感；构成过于单纯会显得乏味、无魅力；以及用什么材料、采取什么工艺、选用什么色彩、确定大小规模，等等，这些都需要理智的思考，直到最终作业完成。逻辑要素始终贯穿其中，尽管它从不抛头露面。

逻辑要素在所有的设计与创作中，都起着总导演的作用。

2. 形式美要素

“美”的概念，在美学中的含义很广，既指事物的内容，又指事物的表现形式。

人们评定和鉴赏一件构成作品的优劣，往往习惯于通过它给人的“美感”来反映。“美”在立体构成中，成为一种实体的、感性的东西存在，是一个具有特殊规律性的内容和形式的统一体。在这个统一体中美的内容处处表现在具体的形式之中，这种具体的形式即形式美，其基本内容如下。

1）统一与变化

统一与变化是艺术造型中应用最多，也是最基本的形式规律（图 4-2-1）。

❖图 4-2-1

完美的造型必须具有统一性，统一可以增强造型的条理及和谐的美感，特别是对立体构成而言，失去统一，作品会像一片废墟杂乱无章地堆积在那里，是无艺术美可言的。但只有统一而无变化，又会造成单调、呆板、无情趣的效果，因此需在统一中加以变化，以求得生动的美感，或者说，统一就是要统一那些过分变化的混乱；变就是要变化那些过分统一的呆板。

统一与变化即在统一中求变化、在变化中求统一。

2）对称与平衡

对称也叫作均齐。在建筑、图案等领域中广泛应用。最常见的对称形式有左右对称（上下对称）和放射对称。左右对称又称线对称，即以中心线为对称轴，线的两边形象完全一样。放射对称的形式有一个中心点，所有的分支都从点的中央以一定的发射角排列造型，有较强的向心力。盛开的花朵、雨伞架、风车等，都属于放射对称形体。

对称的造型具有安静、庄严的美，在视觉上很容易判断和认识，记忆效率也高（图 4-2-2）。

平衡与对称不同，它不是从物理的概念出发，而是指在视觉上达到一种力的平衡状态，虽然形体的组合并不是对称的，却能给人以均衡、稳定的心理感受（图 4-2-3）。或者说，此处的平衡是指形体各部分的体积让人在心理上感到稳定。

❖图 4-2-2

❖图 4-2-3

对称与平衡的区别：平衡更活泼、多变；对称则肃穆、端庄。

3）对比与调和

对比是强调表现各种不同形体之间彼此不同性质的对照，是充分表现形体间相异性的一种方法。它的主要作用在于使造型产生生动活泼的效果。对比构成形式对人的感官刺激较强。

对比的形式是怎样表现在立体构成中的呢？例如，大的与小的形体构成在一起会形成对比，大显得更大、小显得更小；方的与圆的形体组织在一起，会充分地显示直线体的端庄和曲线体的丰满、生机勃勃；曲面体与直线体在一起（图 4-2-4），直线体显得更加纤细、尖锐而敏捷，曲面体则更显膨胀、柔和而稳重；垂直的立体与水平的立体放在一处会显得高的更高、矮的更矮。此外，自然形体与人造形体，粗壮的形体与纤细的形体；黑色块体与白色块体……无疑，对比的内容与形式是十分丰富的。

❖图 4-2-4

如果重点考虑空间与时间的影响，对比的形式还有以下 3 种状况。

（1）并置对比——所占的空间较小，即相互呈对比状态的形体较集中地放置，使人的视域中心能包容。这样的对比效果较强烈，容易引起人们的兴趣，常常成为造型的焦点所在和趣味中心。

（2）间隔对比——是指将相互呈对比形式的形体之间隔开一定的距离，这种形式一般不易产生构成焦点，而只能是重点间的响应，是一种较调和的对比形式。运用得当，能创造出良好的装饰效果，并起到平衡的作用。

（3）持续对比——这种对比包含了先后次序的时间因素，使对比作为更强烈的印象被感觉到。例如，在构成艺术展览会上，刚欣赏了一件用树根材料制作的作品，紧接着又观赏另一件用金属材料制作的作品，那么前者所具有的自然原始的美与后者的经机械加工、电镀饰面，有现代感的美则会给人鲜明的对比，从而留下更深刻的印象。这就是持续对比因素所起的作用。

"调和"，从字面上讲，是与"对比"相对立的，但在此处，对比与调和却是要相提并论的。因为对比的形式如运用不当，将会产生多中心和杂乱无章的效果，所以在运用对比的同时，必须时刻注意到调和，使构成的诸形体配合得恰当、和谐。就如厨师做菜，往往一道菜里要放上许多种味道不同的佐料，但只要调配合理、用量适当，就会使每一道菜各具风味，皆为佳肴。

欲达到既对比又调和的整体完美效果，可以从注意诸形体放置的秩序性、各部分形体之间恰当的比例、形体间的类似程度等几个方面入手。

4）节奏与韵律

节奏，确切地说是音乐中交替出现的有规律的强弱、长短的现象。人们也用它来比喻均匀、有规律的工作进程。在造型艺术中强调节奏感会使构成的形式富于机械的美和强力的美。如图 4-2-5 中装饰墙壁的渐变形式，体现了一种节奏感。富于节奏感的形象处处可见，如舞蹈中连续反复的动作等。由此可见，同一种动作规则地加以反复能产生节奏感。

❖图 4-2-5

如果在构成中仅运用“节奏”形式，没有变化，不加入其他的组合方式，会产生单调感，使人感到乏味。所以往往需要再加入韵律的因素，才会更完美。

韵律可使形式富于有律动感的变化美。节奏是韵律形式的单纯化，韵律是节奏形式的丰富化。节奏是机械而冷静的，韵律是富于感情的。它们在构成活动中的主要作用是使造型形式富于情趣和具有抒情的意境。

韵律的形式按其造型表达的情感，可分为多种，有静态的韵律、激动的韵律、含蓄的韵律、雄壮的韵律、单纯的韵律、复杂的韵律等。

3. 形式要素

粗犷的、清秀的、奇险的、安定的、庄严的、活泼的、透明的、流动的、有生命力的、冷漠的……不同的形态，带来不同的感受，许多形态往往同时肩负功能要求。立体构成以及一切设计活动都需要从本质及关键概念出发，去寻找符合既定逻辑的形体。

形态可作以下分类：自然形态、现实形态、人工形态、概念形态（借助语言和词汇的概念感知的形态）。

设计者最终要解决的问题是如何创造新形态（现实形态），或者说，面对一个主题，是否能设计出众多的形态和正确选择最满意的形态。这需要设计者具有正确的思维方法和开阔的构思能力。

例如，问一个普通人柱子是什么样的？回答常常是“圆柱”“方柱”。其实不然，柱子的形态可以有许多种：中空透雕的、扭曲的、塔形的、伞形的、双柱或群柱并列的、左右中空前后封闭的、带有写实形象的雕塑形式，等等。圆的、方的这种回答并没有表达柱子的本质，承重才是柱子的本质。只要能承重，那么它的外形就可以是很多种。我们要从本质出发，以创造性思维去寻找、设计新形态。如果被前人的创造束缚了手脚，就会停滞不前，不会再有崭新的形态被设计出来。

4. 空间要素

用哲学的观点解释空间概念为：凡实体以外的部分都是空间，它无形态，不可见。但在造型艺术中，空间概念却是另外一回事，它是指在立体形态占有的环境中，所限定的空间的“场”，即指实体与实体之间所产生的相互吸引的联想环境（也称心理空间）。像平面构成中的“正形”与“负形”一样，如果把立体构成中的形体看作“正体”，那么空间就是“负体”，它对构成的效果乃至形象是有影响的。

空间绝不等于空虚的间隙。例如，3 个立体等距放置时，会让人感觉它们中间有看不见的吸引力，这种吸引力会使人感到它们是完整而协调的一体，这也就是前面所说的“场”的作用。当间隔加大后，这种心理的联系就不存在了，而是觉得它们之间是互相无关联的 3 个立体，空间“场”也显得涣散。如把间隔缩得很小，使 3 个立体太接近时，反而显得太拥挤了，此时紧张感加强，如果是形状各异的立体，还会给人以混乱感。

由此可见，如何合理安排空间是不可忽视的。

5. 材料要素

在立体构成中，材料也是一项主要因素。立体构成所使用的材料不是特定的，不同立意的构成所选择的材料是不同的，应选择最能贴切、完美地表达某种立意的构成材料，如图 4-2-6 所示。

❖图　4-2-6

1）材料的种类

（1）按质地分：①金属材料（铁、铜、锌、铝、银等）；②非金属材料（土、木、竹、石、布、玻璃、陶瓷等）；③高分子材料（塑性材料、橡胶、合成纤维等）。

（2）按物理特征分：弹性材料、脆性材料、硬性材料、塑性材料、黏性材料、透明材料、半透明材料、轻质材料、重质材料、液态（流体）材料等。

（3）按基本形态分：粒材、线材、板材、块材。

2）立体构成训练中的常用材料

立体构成训练中可用的材料很多，制作者可根据现有的物质条件和加工条件，选择最能表现构成内容的理想材料。常用的材料有以下几种。

（1）粒材——小塑料球、皮球、玻璃球、小木块、卵石、敲打或切碎而成的各类粒材。

（2）线材——铁线、塑料皮导线、塑料管、吸管、木条、竹子、麻绳、棉线绳、渔网线、琴弦、金属链、车条、电镀金属管等。

（3）板材——木块、石膏块、苯板、发泡水泥砖、黏土、石块、砖块、树根结、毛线球、皮球、鹅卵石以及用板材做的中空块体等。

除以上介绍的材料外，每位制作者随时随处都可能发现适合自己作业的新材料，在选用材料时，无论是需加工的还是取其自然形态直接用的，都要考虑材料与工艺之间的配合关系，同时也要充分发挥材料美。

6. 肌理要素

1）肌理的概念、作用、分类、表情

物体表面的感觉、形态，如手感、纹理、质地、性质、组织形式、凹凸程度等，概括起来叫作肌理。在造型艺术中，肌理起着装饰性或功能性的作用，不容忽视。

在平面构成中我们已经讲过，从人感受肌理的方式而论，肌理可分为触觉肌理和视觉肌理两类。

有的肌理是自然生就的，如树皮、木纹、石块，有的肌理是经技术加工，人为创造出来的。因此，肌理按形成过程又可分为天然肌理和人工肌理两大类。

形体与肌理是密不可分的，肌理起着加强形体表现力的作用。粗的肌理具有原始、粗犷、厚重、坦率的感觉；细的肌理具有高贵、精巧、纯净、淡雅的感觉；处于中间状态的肌理具有稳重、朴实、温柔、亲切的感觉。天然的肌理显得质朴、自然，富于人情味；人工的肌理形形色色，可以按照人的心愿创造，以确切地表现各种效果。

2）人工肌理的探求

出于构成内容乃至实际应用的需要，人工肌理的设计与研制是造型艺术诸领域里不可缺少的项目，只不过称谓有所不同，如表面加工、饰面、外表处理，等等。因此，人工肌理的探求也成为构成训练的一个内容，皆在培养设计者对肌理的创造能力。

面对各种材料，用各种手段、处理方法、加工技术，经过艰苦的构思，可以创作出变化万千的肌理，而同一种材料也可创造出不同的肌理。

4.2.1 点型材料构成

点在立体造型上的作用是确定位置。它在造型学中的特性是通过凝聚视线而产生心理张力。

点的连续排列可以形成虚线，点的密集排列可以形成虚面与虚体。点与点之间的距离越小，越接近线和面的特性。由点构成的虚线、虚面、虚体，虽没有实线、实面、实体那样具体、结实和厚重的感觉，但虚线、虚面、虚体所具有的空灵、韵律、关联的特殊感也是实线、实面、实体所不具备的。

点的构成，可由点的大小、亮度和点之间的距离不同而产生多样性的变化，并因此产生不同的效果。同样大小、同样亮度及等距离排列的点，会给人秩序井然、整齐划一的感觉，但相对显得单调、呆板。不同大小、不等距离排列的点，能产生三维空间的效果。不同亮度、重叠排列的点，会产生层次丰富、富有立体感的效果。

点虽然是造型上最小的视觉单位，但因为点具有凝聚视线的特征，所以往往成为关系到整体造型的重要因素。

（1）点的元素有：秩序规则，集聚排列的点；面的交界处、顶角产生的点；线的顶端产生的点；打洞、挖孔设立的点；结构中设立的点。

（2）不同点材的特点各异。

金属颗粒：坚硬、耐压，有光泽感和华丽感。

塑料颗粒：晶莹、透明、质脆，有轻松活泼的感觉。

植物颗粒：质朴、饱满，往往给人温馨的感觉。

点材可以由很多材料制成，可以表达很多内容见图 4-2-7 和图 4-2-8。

❖图 4-2-7

❖图 4-2-8

学生作业赏析

优秀学生作业见图 4-2-9～图 4-2-12。

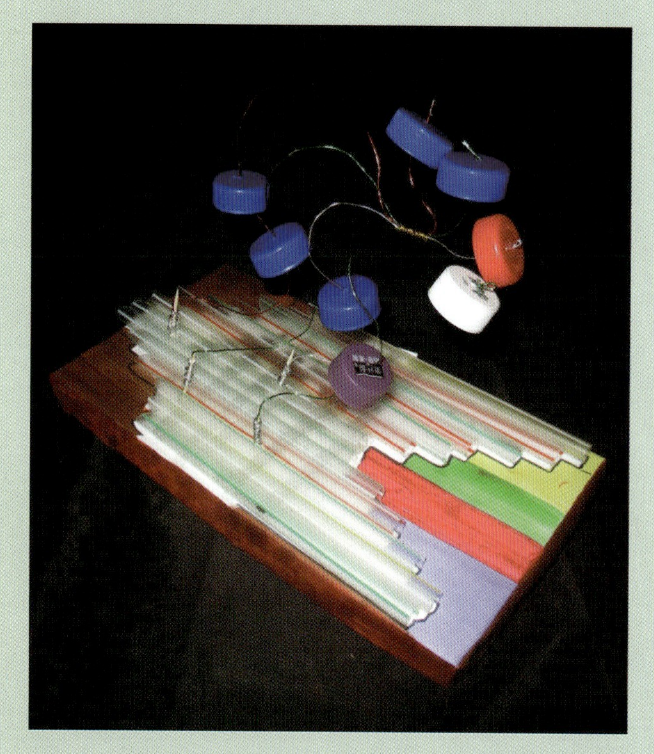

❖图　4-2-9

❖图　4-2-10

❖图　4-2-11

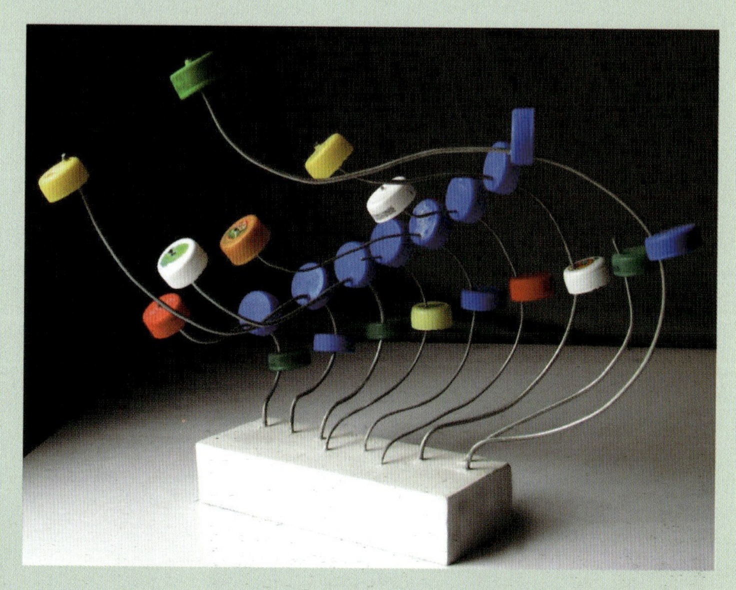

❖图　4-2-12

4.2.2 线材构成

线材构成是指各种直线或曲线按照一定的方式排列组合后产生一个有空隙的虚面，再由这些有空隙的虚面排列组合成体的造型。

线材具有长度和方向性。直线有速度、紧张、明快、锐利、严肃等感觉；曲线有柔软、优雅、轻快、团圆等感觉。线的疏密使人产生一种距离感、空间感。线材又可划分为软质线材和硬质线材两种。软质线材包括棉、麻、丝、化纤等软线，还有铁、铜、铝丝等金属线材。线材构成本身不具有占据空间表现形体的功能。但它可通过线群的集聚表现出面的效果，再运用各种面加以包围，形成一定封闭式的空间立体造型。

线材构成具有半透明的表现效果。线群的集合中，线与线之间会产生一定的间距，透过这些空隙可观察到各个不同层次的线群结构。这样便能表现出各线面层次的交错构成。这种交错构成，会呈现出网格的疏密变化，具有较强的韵律感。这是线材构成空间立体造型所独具的表现特点。

木条：朴实，有温暖感。

尼龙丝：透明，有弹性，有强度感。

塑料管：有透明、不透明和半透明多种效果，有弹性，易加工。

金属丝：易弯曲、易成形，有强度，有光泽感。

玻璃棒：透明，难加工，易碎，有光泽感。

纺织纤维：有温暖、柔软之感，色彩丰富。

1. 软质线材构成

软质线材是以有一定韧性的板材或电线及软纤维作为材料的构成练习。

软质线材构成常用硬质线材作为引拉软线的基体，即框架。线材所包围的空间立体造型必须借助于框架的支撑。通常可采用木框架、金属框架或其他能够起支撑作用的材质作框架。

框架的造型是按作者的设计意图制作的，其结构可以选用正方体造型，也可以用三角柱形、三角锥形、五棱柱形、六棱柱形等。另外，也可以采用正圆形、扁圆形或渐伸涡线形等。有些框架可用木板作为依托（图 4-2-13），在上面竖立支柱，以小钉子为接线点进行连接构成。

框架上的接线点、各边的数量要相等，其间距可进行等距分割，或从密到疏渐变次序排列。线与线的交叉构成主要表现为两种状态：一种是接近于垂直的交叉，这种效果基本是方格造型，使方格形成横向、竖向及宽、窄不同对比的变化。另一种是接近于平行的交叉，会呈现一种逐渐变化的条形网格效果。这些网格的排列会出现很强的韵律，给观者以美感。

线材与框架的结合，可以打成线结，也可以在框架上打成小孔，用线穿透固定在框架上，或者将木条割成小的切口，再加乳胶结合固定。

框架是为线材构成服务的，但也是立体构成中的有机部分。构成中要充分考虑到这一点，例如硬质的线框在材质上可以有多种考虑，如木质的（图 4-2-14）、金属的（图 4-2-15 和图 4-2-16）、塑料的、有机玻璃的、玻璃的，等等。

❖ 图 4-2-13

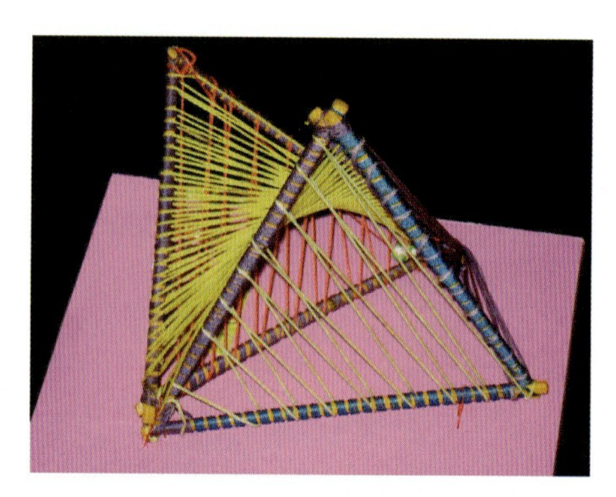

❖ 图 4-2-14

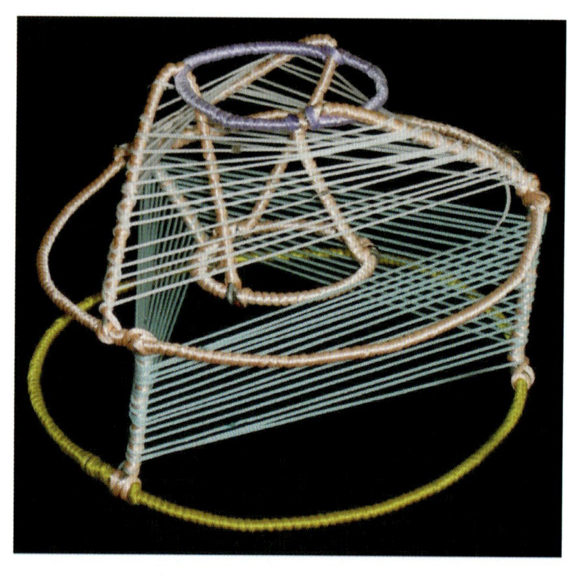

❖ 图 4-2-15

❖ 图 4-2-16

软质的线可以通过在框架中的不同的绕法形成面的变化，这是软质线构成的艺术魅力所在。框架在上，线编织体悬挂，这是线构成的一种方式。壁挂、顶挂就属于这类构成方式。

拉线法是线材构成的关键，水平拉线、垂直拉线、斜向拉线、平行拉线、交错拉线、等距离拉线、渐变距离拉线、密集拉线、疏松或跳动拉线，都能使线的构成产生变化。不同的拉线方法能产生节奏、发射和渐变，以及对比等形式感。

2. 硬质线材构成

硬质线材是用具有一定刚性的线材作为选择对象的构成练习。它的构成形式主要有以下几种。

1）线层结构

将硬质线材沿一定方向，按层次有序排列而成的具有不同节奏和韵律的空间立体形态称为线层结构。线层的构成形式有以下两种。

（1）单一线材的排列：每一层为单根线材，排列方式为包括重复、大小、方向、渐变等（图 4-2-17）。

（2）单元线层的排列：每一层为两根或多根线材，这样可以产生丰富的变化（图 4-2-18）。

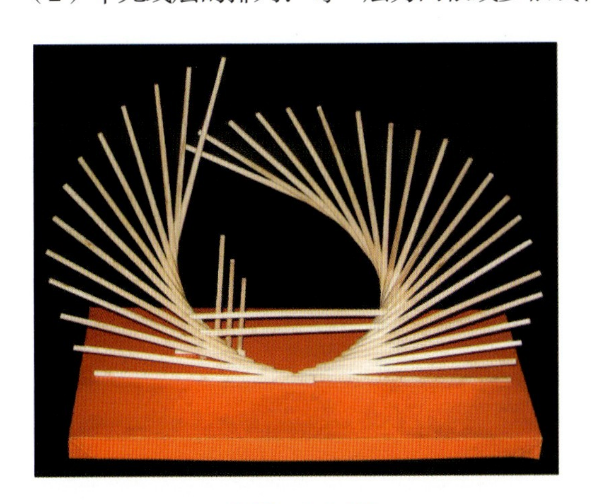

❖图　4-2-17

❖图　4-2-18

2）框架结构

同样粗细的单位线材，通过黏结、焊接、铆接等方式结合成框架基本形，再以此框架为基础进行空间组合，即为框架结构（图 4-2-19）。框架的基本形态可以是立方体、三角柱形、锥形、多边柱形，也可以是曲线形、圆形等基本形。不同构成形式可以产生丰富的节奏和韵律，框架除重复形式外，还可以有位移变化、结构变化及穿插变化等多种组合方式。

❖图　4-2-19

3）自由构成

选择有一定硬度的金属丝或其他线形材料，做构成时不限定范围，以连续的线做自由构成，使其产生连续的空间效果，即自由构成。表现对象可以是抽象的，也可以是具象的（图 4-2-20）。

❖图 4-2-20

线材的排列路线可以是直的、曲的，也可以逐渐改变方向，可以形成一个旋转体，再由旋转体组合构成层次交错的形态。其具体路线为重复、渐变、发射、旋转等。

（1）重复：重复是将线材有秩序地排放、组合，使整体形象美观。

（2）发射：采用一点或多点发射，伴随着旋转的空间组合方式。特点是空间感强，动态变化多样。

（3）渐变：按照某一种比率，由小到大或由大到小的线材排列方式。

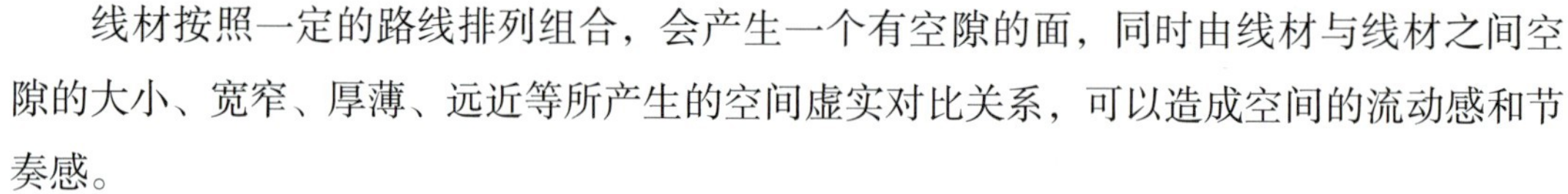

线材按照一定的路线排列组合，会产生一个有空隙的面，同时由线材与线材之间空隙的大小、宽窄、厚薄、远近等所产生的空间虚实对比关系，可以造成空间的流动感和节奏感。

3. 线材构成的实例应用

楼外装饰线构应用见图 4-2-21，楼梯栏杆线构应用见 4-2-22。

❖图 4-2-21

❖图 4-2-22

学生作业赏析

优秀学生作业见图 4-2-23～图 4-2-35。

❖图 4-2-23

❖图 4-2-24

❖图 4-2-25

❖图 4-2-26

❖图 4-2-27

❖图 4-2-28

❖图 4-2-29

❖图 4-2-30

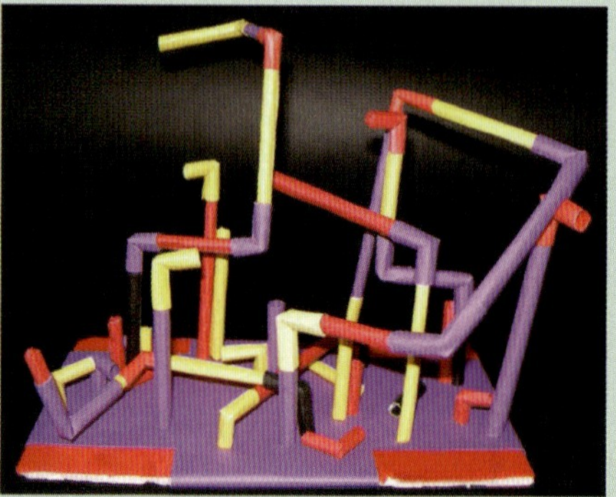

❖图 4-2-31

❖图 4-2-32

❖图 4-2-33

❖图 4-2-34

❖图 4-2-35

4.2.3 面材构成

面材构成也就是板材的组合构成。它是以长、宽所构成的立体造型。面材具有平薄感和扩延感，介于线材和块材之间。块形的东西若很大，超过了人们的视界范围，会产生面的感觉，墙壁就是一个例子。

面材构成练习中，最方便是用 250g 以上的白卡纸为素材。它具有一定的厚度，比较挺括，便于切割和折叠，也便于互相连接，在加工上也较为容易。此外，还可以采用厚纸板、胶合板、有机玻璃、塑料面板等硬质材料。但这些材料价格较高，而且加工时需要一定设备和工具，不如用纸板方便。有机玻璃等材料其坚固度较强，材质优美，直观效果好。在高档模型制作中也可以采用。

面材构成大部分表现为空心造型。这种结构是一种折面构成，也就是将面材加以刻画、切割和折叠，形成由面材包围的空间立体造型。另一种构成为面群结构，即采用类似形的面材造型，逐渐变形，进行重复叠加构成，形成一种渐变的立体实心造型。

面材是一种平面素材，要将平面转换成立体，就必须将平面的某些部分拉出来脱离该平面，造成具有深度的三维空间，这就需要加工。

1）弯曲加工

（1）管、柱形曲面弯曲。将平面素材沿着平行的方向进行弯曲，然后将曲面的两个端部黏合起来，便形成管状立体造型（图 4-2-36）。

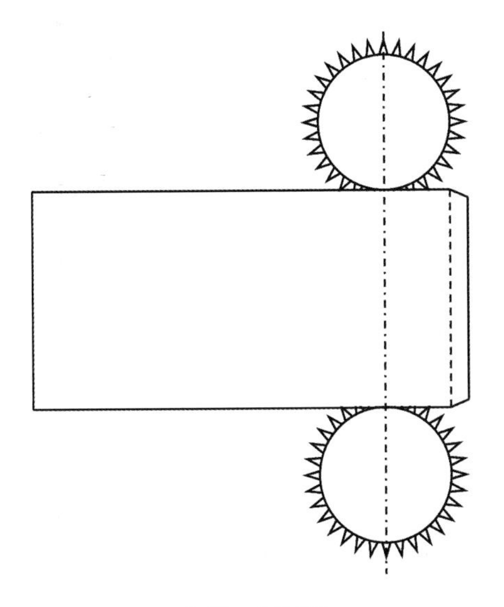

❖图 4-2-36

（2）圆锥、圆台形弯曲。圆锥造型是在一个平面的卡纸上以圆锥顶为中心，画出正圆形，再从圆心向周边作一个切口，然后将切口的两个边重叠，即可制成锥体曲面（图 4-2-37）。

圆台是在圆锥面的中间部位进行平行切割，所形成的立体造型。其上、下是两个直径不等的正圆形平面。

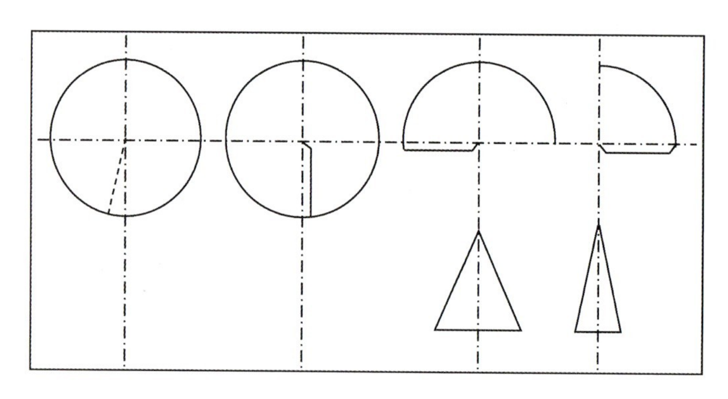

❖ 图 4-2-37

（3）几何曲线形曲面弯曲。首先在平面卡纸上制作出同心圆几何曲线的折线图稿；其次按照其图线，用分规的尖部画出浅沟，并预折成造型；最后将同心圆曲线的两个端点向一起收拢，其收拢的程度越大，折叠曲面的程度就越深（图 4-2-38 和图 4-2-39）。

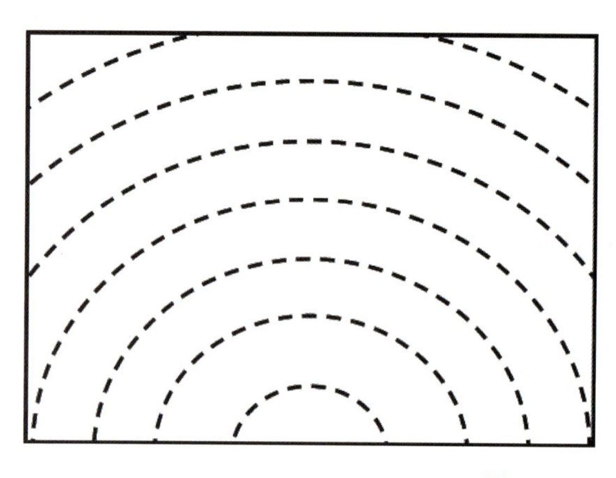

❖ 图 4-2-38

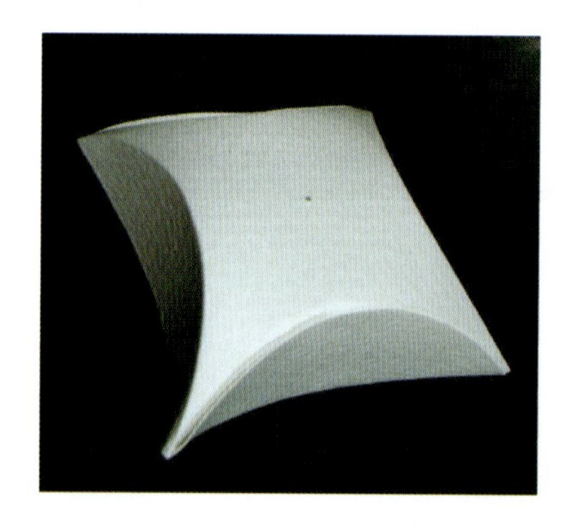

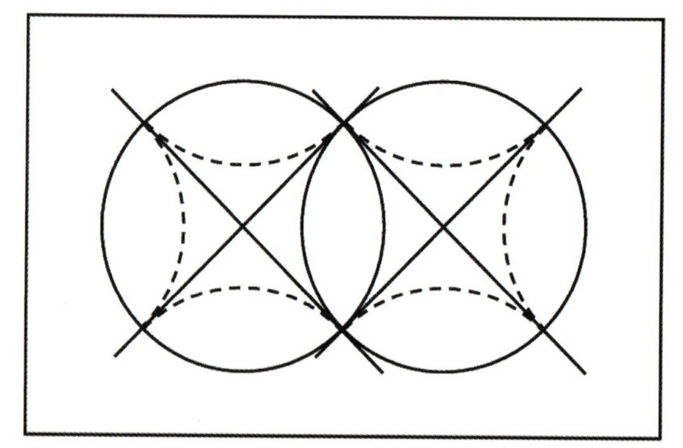

❖ 图 4-2-39

（4）自由曲面弯曲。自由曲面弯曲是表现带有不规则曲面立体的加工手段。为表达丰富多彩的立体造型，一方面要将繁杂的对象进行必要的概括和归纳；另一方面也要有条理地加工出比较简练的自由曲面造型。

2）切割加工

切割加工是将平面材料转换成立体的主要手段之一。通过切割去掉面料中的多余部分，从而转化为立体，是立体形成的主要原理之一。

（1）直角切割。在一个田字形的平面材料上，如果不加任何切割，便不会成为立体造型。切割不同的角度，便可折叠成不同的直角造型（图 4-2-40）。

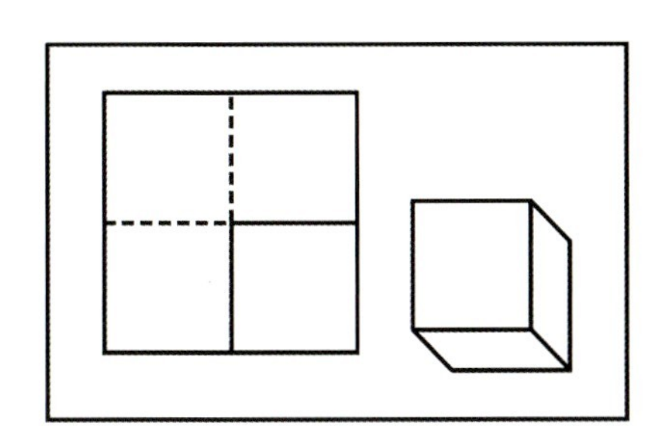
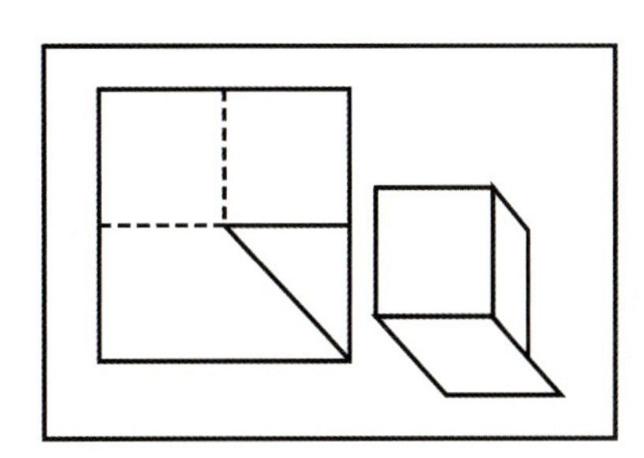

❖图 4-2-40

（2）切割拉伸（图 4-2-41 和图 4-2-42）。在平面卡纸上加以适当的切割，可以切一个或两个刀口，将切断的部分进行拉伸构成。其方法是经过切割保留其一端与原平面相连接，其另一端脱离该纸板，加以折叠、弯曲。或者，将切割部分仍保持原平面的位置，而压折其相邻的部分，从而显示其切割部位，便可形成有变化的造型。

❖图 4-2-41　　❖图 4-2-42

1. 面材之一：半立体单形、半立体重复

半立体是介于平面构成与立体构成之间的造型，是平面走向立体的最基本练习。准确地说，它是在平面材料上对某些部位进行立体化加工，使之不仅在视觉上具有立体感，在触觉上也具有立体感。

与立体构成相比，半立体构成有其独特的地方。首先是立体物观看的角度和视点是不定的，在造型上具有全方位性，而半立体则只有一个观看角度，即正前方，视点也相对稳定。因此，半立体造型的体量感、空间层次感及美感也只能在相对单一的正面角度展示出来。其次是在尺度观念上不同。立体物的高、宽、深是按照正常比例尺度来造型的；而半立体在深度的造型上有所限制，在表现效果时只需几毫米深，稍微有点凹凸起伏就可以了。

半立体单形构成主要有两种形式：半立体抽象构成和半立体具象构成。

1）半立体抽象构成

半立体抽象构成是运用切折加工手法来表现抽象几何体造型，使其产生富有韵律的艺术效果。可表现为切折构成，即将一个平面经过切和折两种手段变为半立体造型的构成手法。半立体抽象构成制作简单却富于变化。在造型要求上，除了追求对比与调和、节奏与韵律，更要注意逻辑构思的系统性。

构成时可围绕卡纸上的刀口进行。刀口已被限制，加工时，刀口上、下必须进行等量的折叠。边线上部如果在其左侧折叠，使其切口的长度缩短，那么在其刀口边线下部必须相应进行同等长度的缩短，以保持其凹凸加工的平衡。

（1）一切多折（图 4-2-43 和图 4-2-44）

一切多折是立体构成中最基本的形式之一。即在特定的条件下，作线性、尺度、方向等方面有计划的变化。方法：在 10cm × 10cm 的铜版纸中间，平行于一边或沿对角用美工刀用力划一切口线，切线两端都要留出一小段不切，使该纸周边形基本不动，在这条切缝两边将纸折叠成各种具有凹凸效果的半立体造型。

❖ 图 4-2-43

❖ 图 4-2-44

（2）不切只折（图 4-2-45 和图 4-2-46）

在 10cm × 10cm 的铜版纸上不用刀切，只做折叠练习。折叠构成要素主要有以下 3 种。

① 折叠线形：折叠线形可以是直的、曲的，也可以是直曲结合。

② 折叠方向：可以是相同方向，也可以是相异方向。

③ 折叠部位：可以折一侧、折两侧、折边、折角，可以突破纸边，也可以不突破纸边，上下两边可以对称，也可以不对称。

❖ 图 4-2-45

❖ 图 4-2-46

（3）多切多折（图 4-2-47 和图 4-2-48）

在 10cm × 10cm 的铜版纸上多处切开、多处折叠即构成多切多折法。除一切多折练习外，还要进行二切多折、三切多折、四切多折、多切多折等半立体形式的练习，这些练习的加工手段与一切多折相似，只要改变构成要素，就会有变化无穷的方法和结果。

❖ 图 4-2-47

❖ 图 4-2-48

2）半立体具象构成

半立体具象练习是通过几何造型处理的，但大自然中多数的形态不是由直线或平面表现的，它们种类很多，大致可以分为动物半立体、人物半立体、植物半立体、风景半立体，其构成也十分复杂（图 4-2-49~图 4-2-52）。

半立体具象构成的方法是先确定所要表现的造型内容，再选定一种材料进行表现，使材料的特点与表现的内容相吻合。

❖图 4-2-49

❖图 4-2-50

❖图 4-2-51

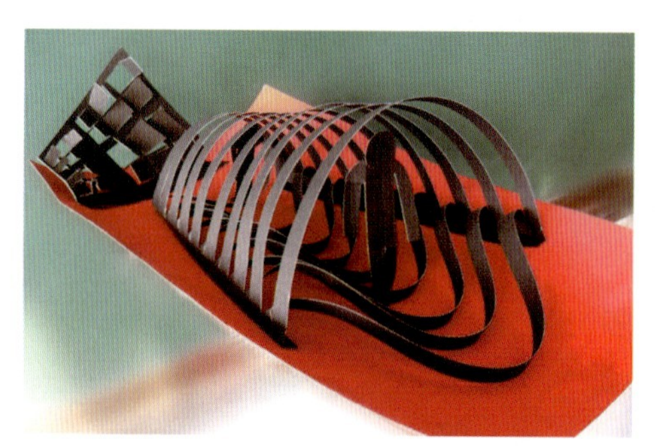

❖图 4-2-52

半立体重复又称为薄壳构成或交错折叠构成，可以简单地理解为与平面构成中的重复构成相近似的一种设计思维。

（1）单行重复：将半立体的单形以重复骨格的方式进行重复练习（图 4-2-53）。选择抽象元素制作半立体重复，可以借鉴半立体单形设计中的技法来处理。

（2）交错重叠：是将一个平面用交错折线相互穿插的手段变为半立体造型的构成手法，制作较为复杂却富有条理（图 4-2-54）。在造型上，更注重韵律的美感。其构成形式主要是蛇腹折。

❖图 4-2-53

❖图 4-2-54

蛇腹折是一种纯粹用折的方法来完成的半立体造型，因折出的效果类似蛇腹表皮的纹理而得名，其具体方法是画好折叠造型展开图后，将卡纸折叠成瓦楞立体。在此基础上，再进行横向反复折叠，便可构成一件蛇腹折的立体造型。

半立体重复抽象构成还可以借鉴平面构成中渐变构成、发射构成、对比构成、特异构成等进行设计（图 4-2-55 和图 4-2-56）。

❖图 4-2-55

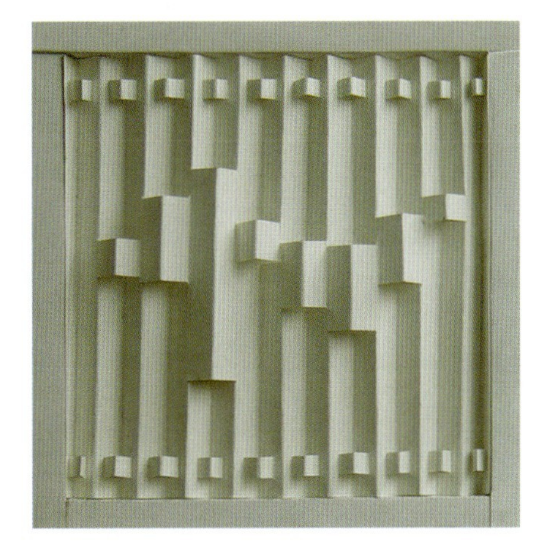

❖图 4-2-56

3）装饰框匣

在板式结构的立体造型作品完成后，为了保持其造型的成形和装饰效果的完美，还应制作出装饰框匣，将造型作品装入其中，以便于摆放或悬挂。下面介绍两种框匣的制作图。第一，方形窄边框匣（图 4-2-57）；第二，宽边斜面框匣 (图 4-2-58)。

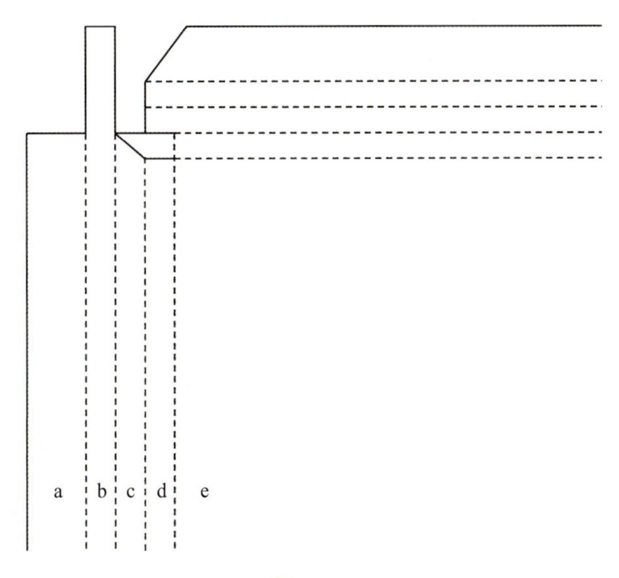

❖图 4-2-57

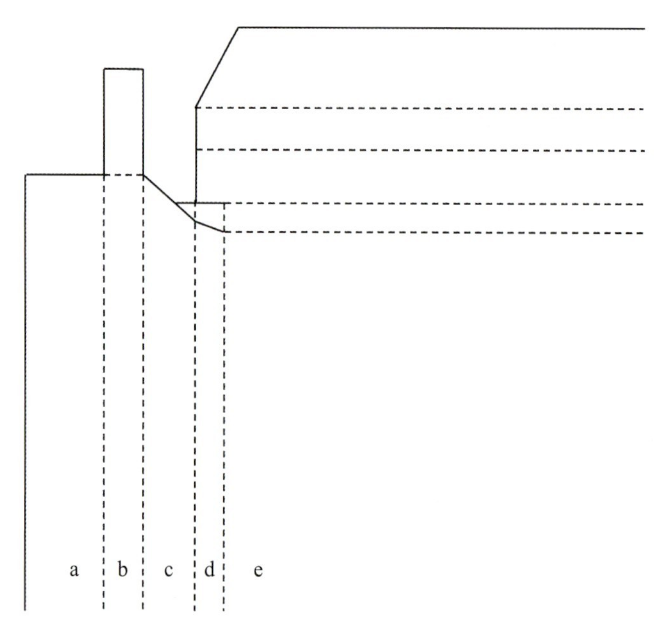

❖图 4-2-58

图 4-2-57 和图 4-2-58 中字母含义如下。

a. 折向背面的画底粘胶部分；b. 边框的外立面；c. 边框的正面（图 4-2-57 为平面，图 4-2-58 为斜面）；d. 边框的内立面；e. 框匣心，其尺寸按画心大小确定。

4）面材构成实例应用

图 4-2-59 中建筑物群中屋顶的表面呈现面材形式。

❖图 4-2-59

学生作业赏析

优秀学生作业见图 4-2-60～图 4-2-70。

❖图　4-2-60

❖图　4-2-61

❖图　4-2-62

❖图　4-2-63

❖图　4-2-64

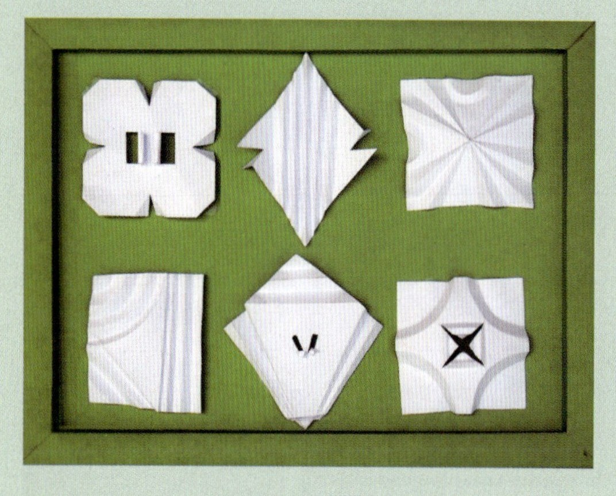

❖图 4-2-65

❖图 4-2-66

❖图 4-2-67

❖图 4-2-68

❖图 4-2-69

❖图 4-2-70

2. 面材之二：透空柱体

柱式或筒式结构是在平面的卡纸上，进行重复反复折叠或进行弯曲构成，然后再将折面的边缘黏结在一起，便可形成上下贯通的筒形造型。在这些基础上，再将上盖和下底封闭，即可成为柱式的封闭空间立体造型。

透空柱体是指柱身封闭、两个柱端没有封闭的虚体。在平面的卡纸上进行重复的折叠式切折构成，然后再将凹凸的平面左右边缘黏结在一起，形成上下贯通的筒形。透空柱体分为透空棱柱和透空圆柱两种。棱柱有三棱柱、四棱柱、五棱柱等，如果棱柱的柱面数量逐渐增加，此棱柱会逐渐趋近圆柱体。透空棱柱和透空圆柱的区别在于：棱柱有棱边，而圆柱没有棱边。

透空柱体造型的变化包括柱端的变化、柱身的变化和柱体棱线上的加工变形等。这些装饰变形一般都要在柱体封闭黏结之前进行。

1）柱端的变化（图 4-2-71）

柱端也称为柱头，这里的柱端是指柱体的两端。加工时，可以切断两端后，向外折叠成凸出的三角形造型；也可以将柱口的中间部位进行切割，再向外折叠、弯曲；还可以在柱体角部进行切割，向中间凹入成方台造型，或进行锥体造型；或在切割后，再进一步重复折叠，形成几个分体柱体造型等。总之，柱端的变化会影响柱身的设计。

2）柱身的变化（图 4-2-72）

柱身的变化和面材半立体的设计手法相似。可利用切、折变化在柱身上进行有秩序的切折加工，也可以选用增形或者进行横向的、垂直的、斜向切割和拉伸技法，使柱体经过构成后形成一件旋转体，还可以运用重复、渐变、对比等手法来处理。

❖图 4-2-71

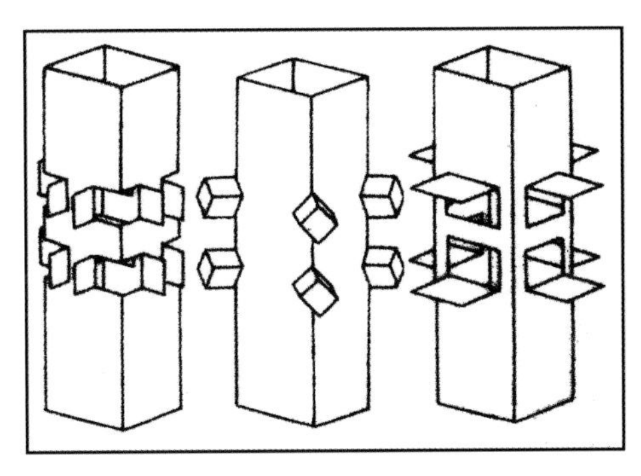

❖图 4-2-72

3）柱棱的变化（图 4-2-73）

柱体的棱角是柱体造型变化的重点部位，在这些凸出的棱线上经过压折，可以使棱线的局部成为曲面的造型；也可以进行切割，将两个切割分离的部分凹进柱体中间，凹进切口的长短、高低可按渐变次序排列，使之形成韵律，从而造成多种变化。此外，也可以切掉柱棱部位多余部分，将几个面同时折叠、凹入，产生内收的效果。其变化形式：①非平行的直棱线；②波浪形棱线；③沿着柱棱形成的一连串棱形棱线网；④沿着平行的直线边发展而成的圆形棱线；⑤互相交叉的棱线。

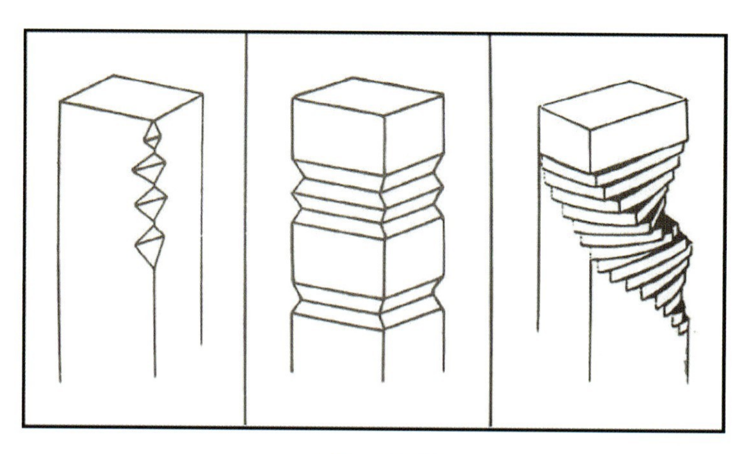

❖ 图 4-2-73

总之，在增形式和减形式的基础上运用变化手法加以切折。

4）柱式结构实例应用

室内外柱式结构的装饰应用见图 4-2-74 和图 4-2-75。

❖ 图 4-2-74

❖ 图 4-2-75

学生作业赏析

优秀学生作业见图 4-2-76～图 4-2-91。

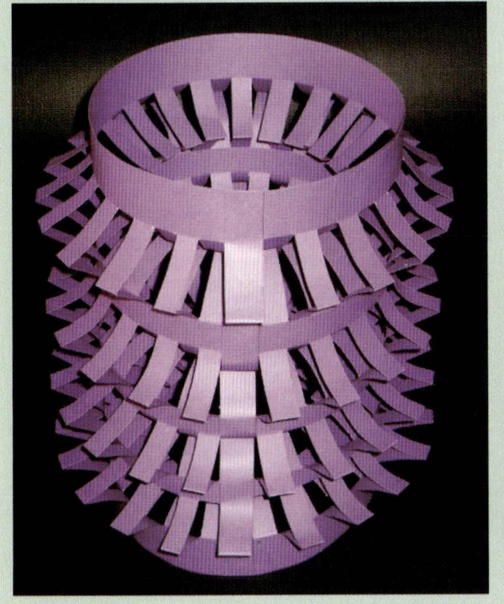

❖图 4-2-76

❖图 4-2-77

❖图 4-2-78

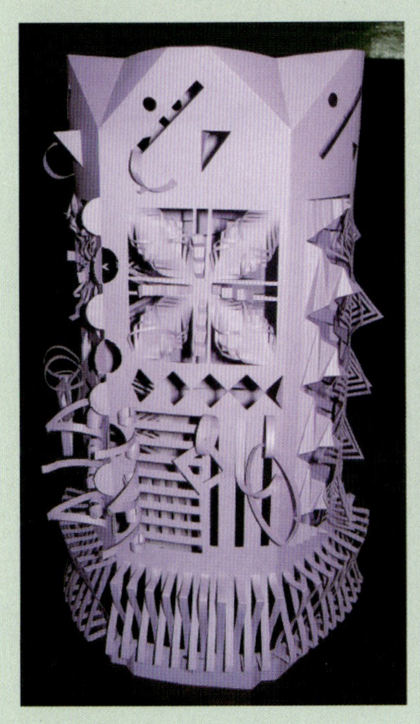

❖图 4-2-79

❖图 4-2-80

❖图 4-2-81

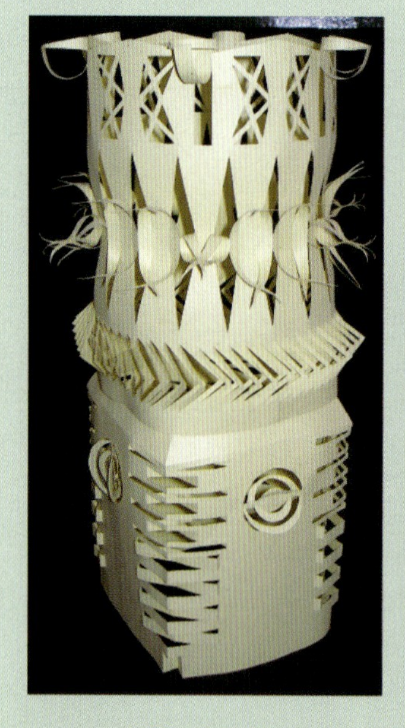

❖图 4-2-82

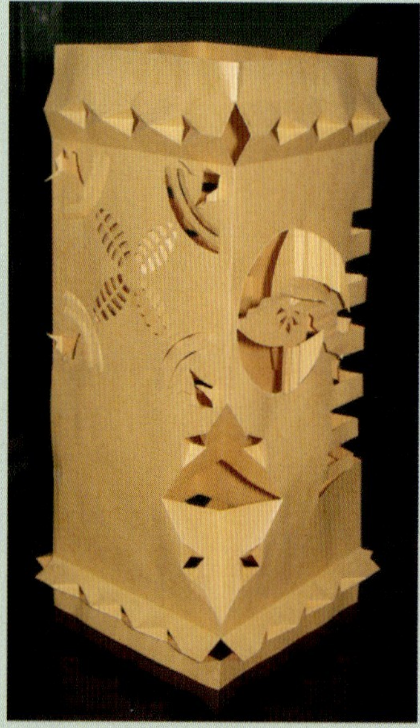

❖图 4-2-83

❖图 4-2-84

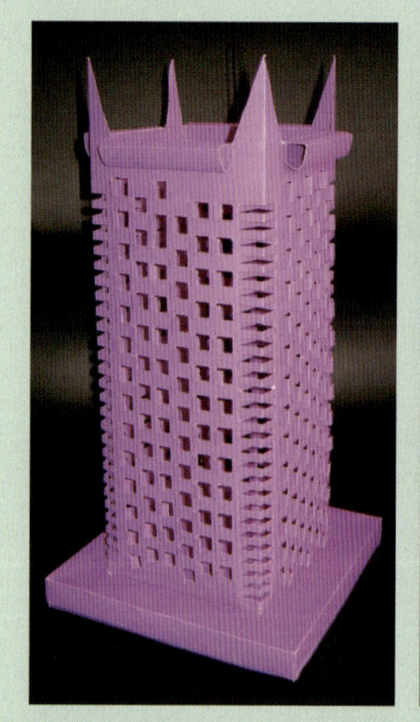

❖图 4-2-85

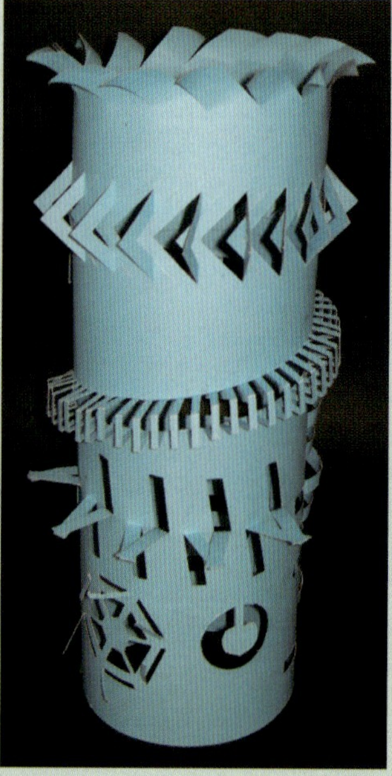

❖图 4-2-86

❖图 4-2-87

❖图 4-2-88

❖图 4-2-89

❖图 4-2-90

❖图 4-2-91

3. 面材之三：多面体单体

多面体即球体的立体造型，是日常生活中最常见的形体，如足球、台式计算机等。

平面多面体的基本造型由等边、等角、正多角形组成。其构成平面的形状、大小相同，表面结合无缝隙，棱线与顶角都为重点造型，且向外凸出。这样的正多面体基本造型共有5种，即正四面体、正六面体、正八面体、正十二面体和正二十面体。这5种基本造型是进行各种多面体造型的基本形态。

1）正四面体的造型结构

正四面体即正三角锥（图4-2-92）。它是由4个相同的正三角形平面，将其相邻折叠后，再将其切断的边缘黏在一起组成。它的造型结构包括4个相同正三角形平面、6条棱线、4个锥顶。

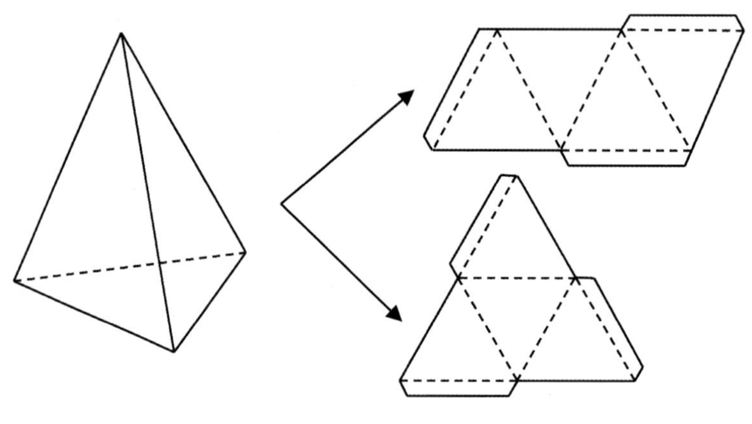

❖ 图 4-2-92

2）正六面体的造型结构

正六面体即正立方体（图4-2-93），是由6个相同的正方形平面封闭包围所构成的空间立体。它的造型结构包括6个正方形平面、12条棱边、8个棱角。

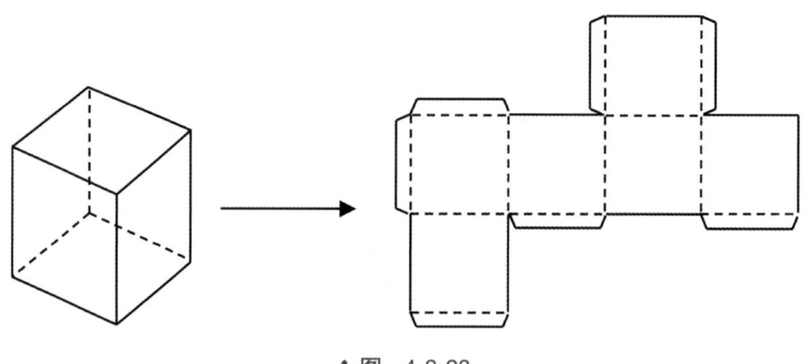

❖ 图 4-2-93

3）正八面体的造型结构

正八面体即棱形多面体（图 4-2-94），是由 8 个相同的正三角形平面，连接其边缘棱线所形成的正多面体。

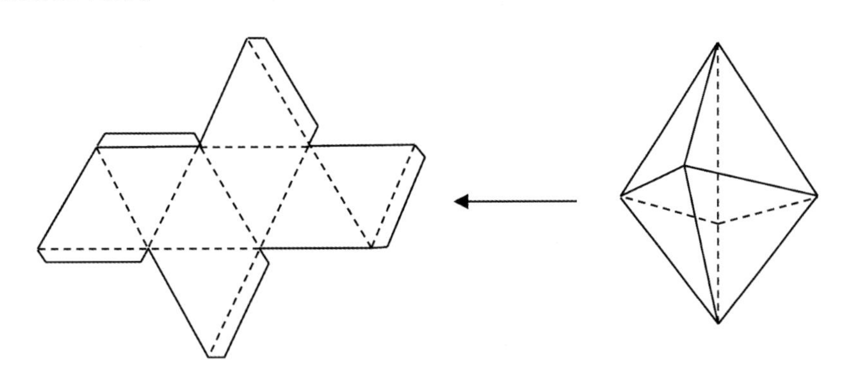

❖ 图 4-2-94

4）正十二面体的造型结构

正十二面体的基本形为正五边形（图 4-2-95）。该多面体含相同的正五边形平面 12 个，形成棱线 30 条，其中折曲线 11 条、黏口线 19 条、棱线顶点 20 个。

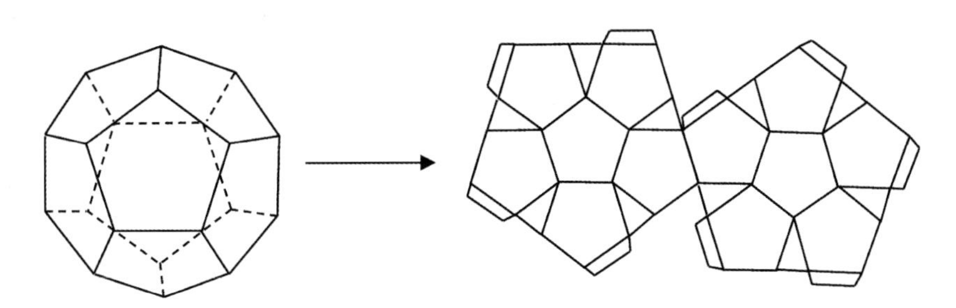

❖ 图 4-2-95

5）正二十面体的造型结构

正二十面体的基本形为正三角形（图 4-2-96），其球体表面含正三角形平面 20 个、棱线 30 条、棱角顶点 12 个。

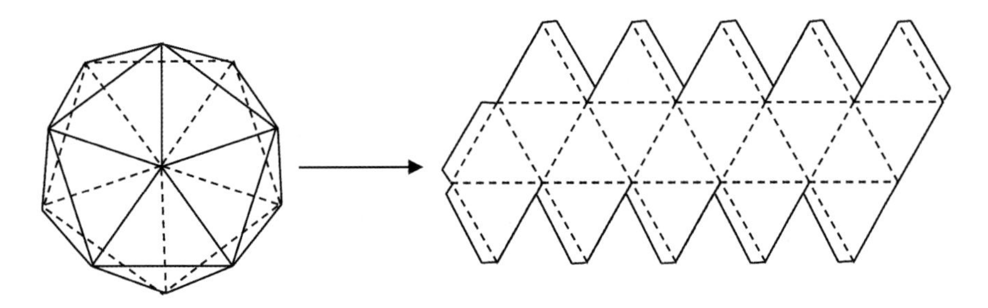

❖ 图 4-2-96

5 种平面多面体的基本造型结构见表 4-2-1。

表 4-2-1　5 种平面多面体的基本造型结构

多面体名称	平面数量 / 个	棱线数量 / 条	顶角数量 / 个	基本形	整体造型特征
正四面体	4	6	4	正三角形	正三角形锥体
正六面体	6	12	8	正方形	正立方体
正八面体	8	12	6	正三角形	棱形形体
正十二面体	12	30	20	正五边形	由上下对称的 6 个五边形组成
正二十面体	20	30	12	正三角形	各面为由 5 个正三角形组成的正五角锥体

多面体的变形设计是由这 5 个基本体变化而来，包括顶角的变化、棱线的变化和面的变化。

（1）顶角的变化：顶角可以内陷，内陷时折叠的线形可以是直线或曲线，顶角可以切去，形成多个面体。

（2）棱线的变化：棱线可以变化成直线或曲线，也可以凸起、切折。

（3）面的变化：每一个面都可用切、折、增形、减形等变化技法，还可以在面上着色或用肌理去装饰。

多面体的变形结构如图 4-2-97 和图 4-2-98 所示。图 4-2-97 为正十二面体五边形凹入加工效果图、展开图。图 4-2-98 为正六面体、正八面体插入造型为四十八面体的展开图、效果图。

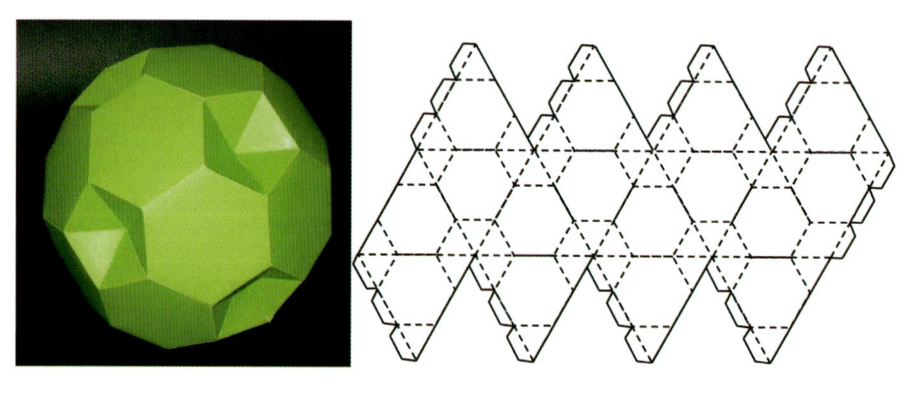

❖图　4-2-97

多面体单体的实例应用见图 4-2-99 和图 4-2-100。其中，图 4-2-99 罗浮宫的玻璃金字塔正是多面体的应用。图 4-2-100 上海东方明珠广播电视塔的设计也应用了多面体单体。

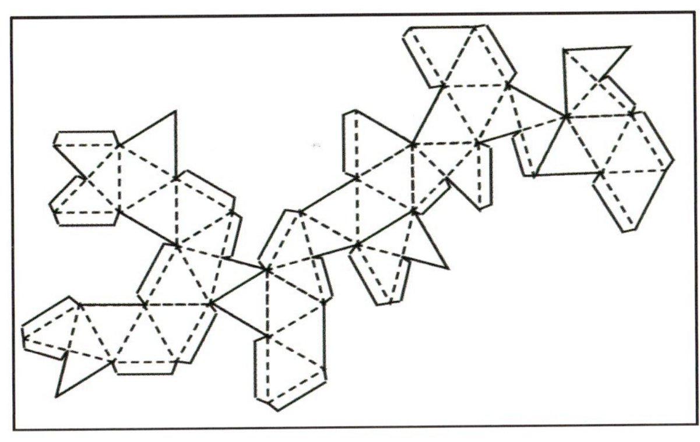

❖图 4-2-98

❖图 4-2-99

❖图 4-2-100

学生作业赏析

优秀学生作业见图 4-2-101~图 4-2-107。

❖图 4-2-101

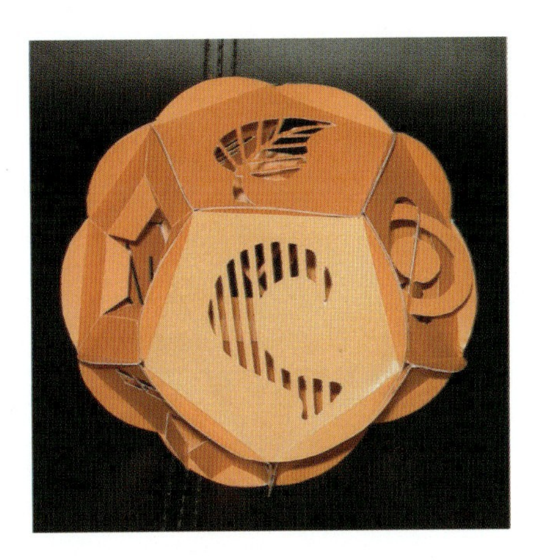

❖图 4-2-102

❖图　4-2-103

❖图　4-2-104

❖图　4-2-105

❖图　4-2-106

❖图　4-2-107

4. 面材之四：单体集聚

集聚构成是按照作者意愿灵活地将单体组织在一起，构成一种带有独立性存在的造型。这种作品具有设计的性质，其造型一般都尽可能求得完整，并可表达某种意图。

单体集聚大多利用有规律的几何体集合。多面体是最基本的几何形体，即正四面体、正六面体、正八面体、正十二面体和正二十面体。这些正多面体中存在着多种基本立体形态的集合，如正三棱柱体、正立方体、四棱锥体、圆柱体、方柱体和球体，在单体的大小、色彩、材质、排列方向、数量上还有着多种设计的方法。

1）单体集聚构成要点

（1）单体的基本造型要精巧、简练，避免出现过多过小的琐碎变化，并且作为立体的单体造型，要有一定的厚度，使其在整体上表现出一定的体量感。

（2）注意单体之间的连接，处理好单体之间及单体与整体之间的衔接关系。

（3）在整体关系上，要注意形象的完整性，又要有适当的变化，各形象要有适当的大小比例，在高低、长短和疏密关系上，要错落穿插，形成第一、第二、第三等次序。

（4）突出表现中心，使作品有主有次、有实有虚，在主要表达的部位上，其形象要富于变化，次要部分又要起到一定的呼应和陪衬作用。

（5）重心要稳定，可以排列成对称式、回转式或平衡式等多种造型形式。

2）单体集聚构成形式

按单体造型的不同特点和构成的不同方式，可以有多种造型形式。

（1）圆盘式组合（图 4-2-108）：圆盘大小对比的平衡集聚构成、圆盘形回转渐变的重复构成、圆盘形大小穿插的对比构成、圆环形大小渐变的次序构成、半圆形综合对比构成等。

（2）管状集聚组合（图 4-2-109 和图 4-2-110）：管状对称集聚组合、不规则管状集聚组合、管状回转集聚组合、管状平衡对比集聚组合。

（3）块状体集聚组合（图 4-2-111 和图 4-2-112）：几何形块状平衡集聚组合、异形块状体的综合集聚构成、几何形块状体的有次序集聚组合构成。

（4）透雕体集聚组合：强调通透性的组合构成（图 4-2-113 和图 4-2-114）。

3）单体集聚实例应用

图 4-2-115 中风筝广场的设计应用了单体集聚的形式。

❖图 4-2-108

❖图 4-2-109

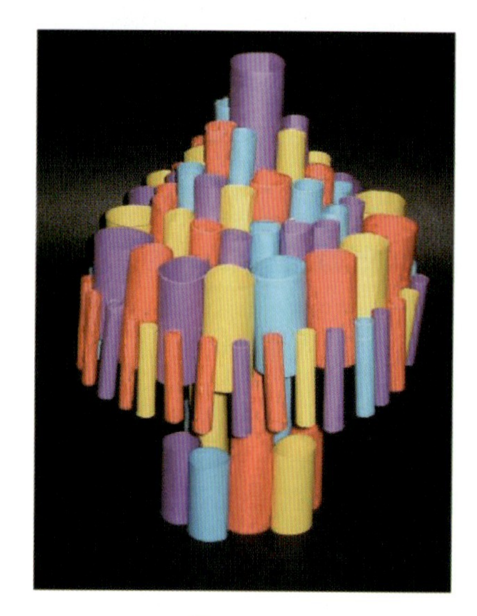

❖图 4-2-110

❖图 4-2-111

❖图 4-2-112

❖图 4-2-113

❖图 4-2-114

❖图 4-2-115

学生作业赏析

优秀学生作业见图 4-2-116~图 4-2-122。

❖图 4-2-116

❖图 4-2-117

❖图 4-2-118

❖图 4-2-119

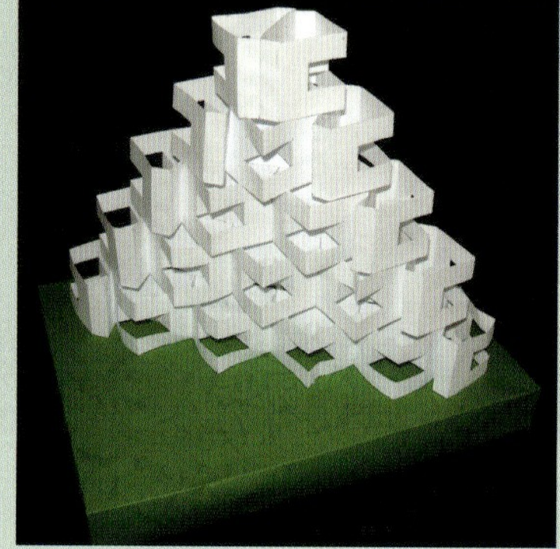

❖图 4-2-120

❖图 4-2-121

❖图 4-2-122

5. 面材之五：层面排列

层面排列是用若干厚纸板或其他面材按比例有次序地排列组合成一个形态，其基本形可以是直面，也可以是弯曲或曲折（图 4-2-123）。可以理解为让形体切片后使切片与切片之间保持一定空间距离而排列成一种崭新的形态。

❖图 4-2-123

同一立方体也可沿着斜线进行切割。切割的方法有很多种，采用斜线切割方法，产生的系列平面是在形状上渐变，大小也在渐变，高度保持不变，但是宽度或逐渐增加，或逐渐减小。

沿着长度、宽度或高度切割出的系列平面都具有直角边，沿着斜线切割出的系列平面都具有斜角边。

1）层面在方向上的变化方法

以下 3 种方法可以使平面的方向产生变化。

（1）绕着一根垂直轴转动。

（2）绕着一根水平轴转动。

（3）以平面自身来转动。

2）层面的位置变化

层面的位置如果不发生方向变化，所有的系列平面将互相平衡，一个接一个地排列起来，平面之间的间隔相同。平面之间的间隔变窄或变宽，将产生不同的效果。窄的间隔给予形体以较大的坚硬感，而宽的间隔则削弱形体的体积感。

层面的结合是有次序地排列所构成的立体状态。它是靠面型之间用小块料间隔并黏合或与底平面插接黏合保持稳定结构。

层面排列的材料一般为各种纸片或透明塑料片等（图 4-2-124）。

❖图 4-2-124

层面的排列有平行、错位、发射、旋转、弯折等组合方式。也可依据视觉平衡，创造出富于动态变化的面的自由构成。

3）层面实例应用

层面排列在现代设计中的应用见图 4-2-125。

❖图 4-2-125

学生作业赏析

优秀学生作业见图 4-2-126～图 4-2-132。

❖图　4-2-126

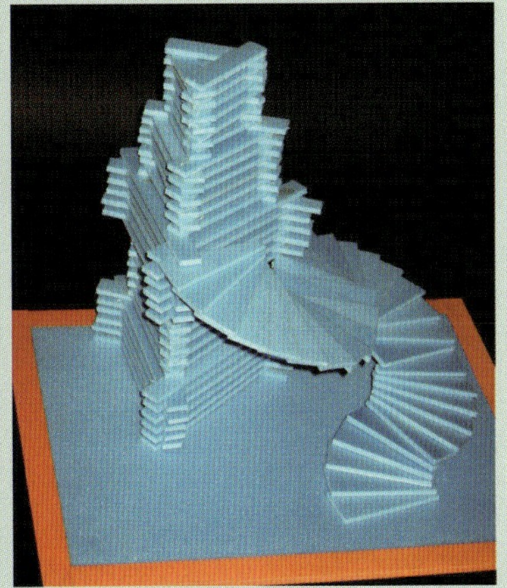

❖图　4-2-127

❖图　4-2-128

❖图　4-2-129

❖图 4-2-130

❖图 4-2-131

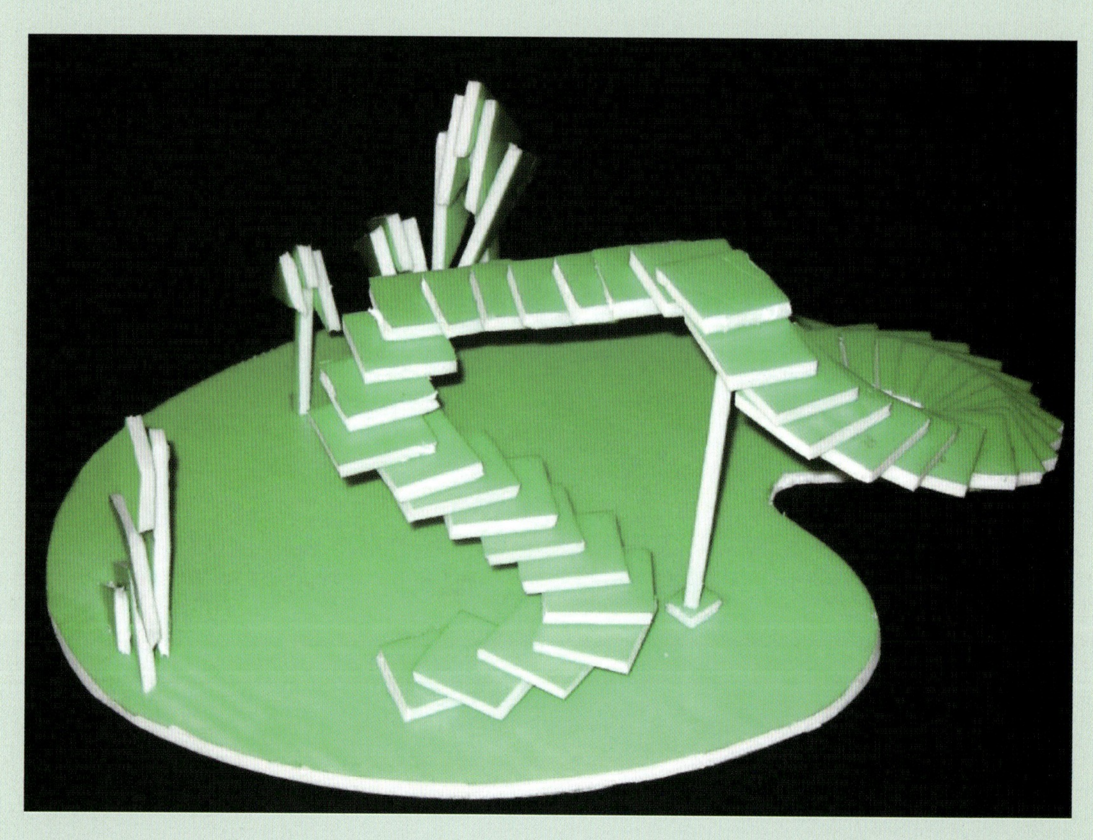

❖图 4-2-132

4.3 立体构成基础造型块材

块材是立体造型最基本的表现形式，它是具有长、宽、厚三维空间的立体量块实体，能有效地表现空间立体。块材具有连续的表面，可表现出很强的量感，其造型给人充实感和稳定感。

块材是塑造形体使用较广泛的素材。实际应用的成品，在完成阶段都要用各种材质进行塑造。它不仅可表现其造型美，还能充分表现其材质美。

4.3.1 块材基本特征

块材具有明显的空间占有性，在视觉上有着比面材与线材更强烈的表现力，其所特有的连续的面，能提供更多塑造的可能性，产生多个视觉上的变化。块材可以是实心的，也可以是空心的，因此其构成方式差异很大。

常用的块材是很丰富的，木块、泥块、石块、石膏块、金属块、泡沫塑料块、合成树脂块，等等。有些块状的材料是天然的，稍作加工就可成为合用的构件；有些块材通过加工才能获得，如石膏和黏土。

1）石膏（图 4-3-1）

石膏是白色粉末状材料，加水搅拌后可凝固成块体。石膏粉有各种型号，有的干燥时间较短，适于制造粉笔等。塑造形体可选用艺用石膏粉，石膏的硬度不强，便于加工，用刀具切削、锯拉、砂纸研磨等都可以。

❖图 4-3-1

2）黏土（图 4-3-2）

黏土是一种重要的矿物原料，由多种水合硅酸盐和一定量的氧化铝、碱金属氧化物和碱土金属氧化物组成，并含有石英、长石、云母及硫酸盐、硫化物、碳酸盐等杂质。黏土矿物质用水湿润后具有可塑性，在较小压力下可以变形并能长久保持原状。

根据可塑性，黏土可分为软质黏土（强可塑性黏土）、半软质黏土和硬质黏土（弱可塑性黏土）。软质黏土多属于次生黏土，因其颗粒细、分散度大，故可塑性大；硬质黏土多经固结成岩作用，自由水不易进入而缺少浸散性，可塑性较差。

❖图 4-3-2

4.3.2 块材空间表现形式

1）切割法

通过对块材进行分割及分割后的处理，经过分割后再进行组合构成。分割产生的部分称为子形，子形重新组合后形成新形，由于被分割的块体之间具有形的关联性，所以很容易构造成为合理有机统一的作品。

（1）几何式切割

几何式切割的特点主要表现在切割形式上强调数理秩序。其切割方式包括水平切割、垂直切割、倾斜切割、曲面切割、曲直综合切割、等分切割及等比切割。

（2）自由式切割

自由式切割是完全凭感觉去切割，使原本单调的整块形体发生变化，并产生生命力的一种形式。

2）积聚法

积聚的实质是量的增加，它主要包括单位形体相同的重复组合和单位形体不同的变化组合。它们都是充分运用一定的均衡与稳定、统一与变化等美学原理去创造具有空间感、质感、量感的造型形态。积聚形式包括材料积聚、多面体的积聚、柱体的积聚。

块材实例应用见图 4-3-3 和图 4-3-4。图 4-3-4 中建筑物前的雕塑装饰应用了块材表现形式。

❖图 4-3-3

❖图 4-3-4

学生作业赏析

优秀学生作业见图 4-3-5~图 4-3-10。

❖图 4-3-5

❖图 4-3-6

❖图　4-3-7

❖图　4-3-8

❖图　4-3-9

❖图　4-3-10

模块 5 立体构成的艺术设计

5.1 利用点、线、面型材料构建建筑体模型

建筑设计是对空间进行研究和运用的艺术形式，空间问题是建筑设计的本质，在空间的限定、分割、组合的过程中注入文化、环境、技术、材料、功能等因素，从而产生不同的建筑设计风格和设计形式。

在立体构成中，点、线、面依然是最基本的元素，只是与平面中的性质有很大的不同。平面中的点、线、面只具有位置的意义，虽然这种位置有时能产生空间效果、厚度和肌理，但这只是视觉效果，不能产生空间上的全方位的视觉变化。在立体构成中，点、线、面的造型意义就大大地扩展了。例如，同样大小的点，由于空间的位置不同，会产生大小、虚实、色彩上的差异；由于观看的视角不同，而产生形态、位置，甚至结构上的变化。所以，立体构成中的点、线、面不仅有着视觉上的意义，还存在着结构力学上的意义。一条线从某个角度来看，可能只是一个点；一个点可能既是一个位置，又担负着连接其他材料的作用，也就是说是一个分解力的地方；一根线的粗细可能与牢固有关，也可能产生形态上的完整、重心的稳定。

5.1.1 模型的工具与材料

1. 模型工具

纸质模型常用工具设备分 3 类。①切割工具：裁纸刀、手术刀、剪刀、45° 裁纸刀。②粘贴胶：胶水、胶棒、胶带、双面胶、泡沫胶。③量具：直尺、三角板、丁字尺、圆规等。

木质模型常用工具设备有量具与画线工具。量具：钢直尺、钢卷尺、三角尺、万能角尺等。画线工具：画线规、工作台、圆规等。

2. 模型材料

1）纸张

白板纸：模型制作时多用来做骨架、地形、高架桥等自身稳固的物体。

彩色特种纸：颜色、纹样多种多样，常用来做墙面、层面、地面和路面。各种颜色都能直接买到。厚度为 0~5mm，并且正反面分为光面和毛面，用以表示不同的质感。

KT 板、吹塑板、荷兰板：模型制作时多用来做骨架、支撑墙面等稳固的物体。

制作卡纸模型的粘贴材料有乳胶、双面胶，工具有裁纸刀、手术刀、钢尺、铅笔、橡皮等。卡纸模型制作方便，无噪声，色彩丰富，重量轻，但受温度和湿度影响较大，保存时间短。

2）有机玻璃

有机玻璃的品种及规格有很多种，有透明、不透明之分。透明的有茶色、淡茶色、白色、淡蓝、淡绿等；不透明的主要有瓷白色及红、黄、蓝、绿等彩色系列材料。在模型制作时主要用来做室内形态观测模型和功能展示模型代材，但不宜做异形或曲面多的模型。

有机玻璃的厚度有 1mm、2mm、3mm、4mm、5mm、8mm 6 种规格，最常用的为 1~3mm。3~5mm 的有机玻璃可用来做有机玻璃罩。有机玻璃的小型加工工具有勾刀、铲刀、切圆器、手钳等；有机玻璃加工较难，但易于粘贴、强度高，做出的模型挺括，保存时间长，为最常用的建筑材料之一。

5.1.2 模型的制作

1. 卡纸模型

骨架材料用 1.2~1.8mm 厚硬卡纸，构架平台用 0.5~0.8mm 厚卡纸。制作时需扣除玻璃材料和墙面材料的厚度。幻灯投影机用胶片可以代替玻璃材料，透明文件夹也可做玻璃材料用。彩色特种纸可做墙面、屋顶。

在用卡纸材料做建筑模型的墙面窗洞时，为保证切口光洁整齐，需经常更换刀片。刻窗洞前，刻线需选颜色较淡的硬铅，刻线要轻，刻好后要擦去铅笔线。

制作步骤如下（图 5-1-1 和图 5-1-2）。

（1）用硬卡纸搭出骨架。

（2）将玻璃材料用双面胶贴在骨架上，为保证墙面平整，没有窗的地方也要满贴。

（3）将刻好窗洞的墙面卡纸用双面胶贴在镜面上。

（4）封上屋顶。

（5）配上小构件，如雨棚、阳台、走廊及花坛等。

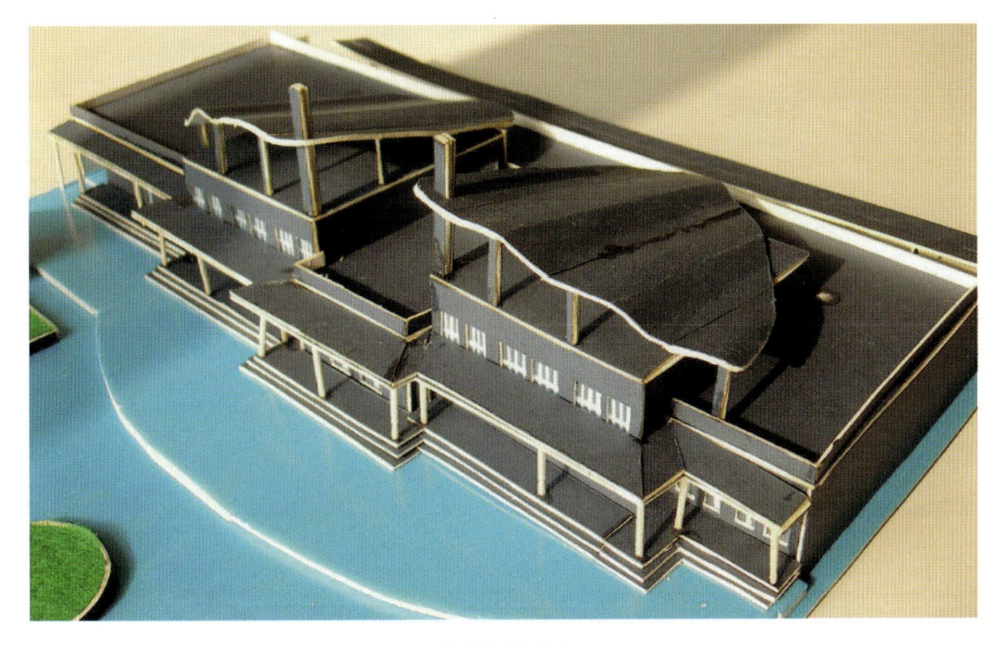

❖图　5-1-1

❖图　5-1-2

2. 木材模型

木材模型制作所选材料为天然木材和复合板材、木芯板材、胶合板材、多层夹板材、密度板材等，通常适合制作设计方案基本定稿的产品模型（图 5-1-3～图 5-1-5）。其优点是强度高、不易变形、面饰工艺方便，适宜制作较大型的模型。

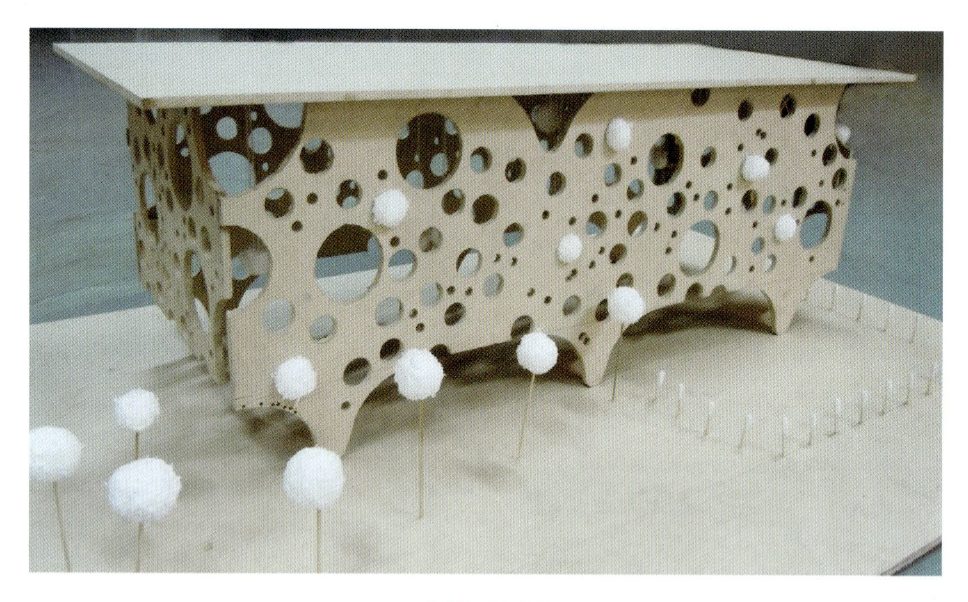

❖图 5-1-3

❖图 5-1-4

❖图 5-1-5

空间以及空间的组织结构形式是建筑设计的主要内容。建筑设计是在自然环境的心理空间中，利用建筑材料限定空间，构成一个最小的物理空间。这种物理空间被称为空间原型，并多以几何形体呈现。由一种或几种几何形体之间通过重复并列、叠加、相交、切割、贯穿等方法相互组织在一起，共同塑造建筑的形态。

在建筑设计中，立体构成的原理和法则被广泛应用。建筑的组织结构形式和立体构成中的形体组合构成是相同的，都运用了立体构成中的点、线、面作为建筑的基本词汇。立体构成中的组合原理、规律和方法都可以在建筑设计中被运用。

5.2 利用块材构建建筑体模型

综合构成泛指综合运用多种形式、材料、方法、手段的构成。它不仅是立体构成的一种复合样式，同时也是创造多种多样的空间艺术形式的重要手段。从理论上讲，作为一种典型的空间艺术，结合运用立体构成的点、线、面、块材的造型手段，其生成的新的视觉造型空间具有无限的可能性。形式、材料、手段、构成方式任何一个因素改变，都会产生新的立体造型图式。

在综合立体构成中，应充分利用自然界的天然材料和现代工业文明所产生的碎片，进行合理的加工与组合。新科技、新材料、新的加工成型技术既给材料的选择与组合带来更大的自由度与综合性，也使创作的过程变得更有趣味性、实验性和探索性。

5.2.1 模型的材料与工具

1. 泡沫

使用泡沫（苯板）将设计物体的大体分布和形态表现出来，是十分简洁、方便的。泡沫规格有 1000mm × 2000mm，厚度有 3mm、5mm、8mm、10mm、20mm 等。

当所需规格大于生产规格时（一般是指厚度不够），可用乳胶将其粘贴后加工或加工后粘贴。泡沫加工方便，所用到的工具不多，主要工具有手工钢锯、裁纸刀等。

2. 陶土

陶土是做地貌的良好模型材料，可加入乳胶以防开裂，也可加水粉色，调配所需的色彩效果。环艺模型制作时，可配做微型雕塑及浮雕效果，干燥后可上色、罩漆，表面可刷一层乳胶，刷胶干后可喷漆。其加工方便，利于成型。

3. 橡皮泥

橡皮泥是模型制作中理想的配景材料。

5.2.2 模型的制作

1. 泡沫切块模型

首先，要估算出模型体块的大致尺寸，用单片锯在大张泡沫板上锯出稍大的体块，厚度不够可用乳胶粘贴牢固再进一步加工（图 5-2-1）。

泡沫切块模型制作快，易于修改，拼贴方便。如果制作精良，加上配景，也可作方案模型。泡沫切块模型尽管颜色单一，但在规划模型中，大片的白色泡沫同样能获得非常适宜的效果。其重量又非常轻，有时为了使表面更加光洁，可在外面包上一层卡纸。

❖ 图 5-2-1

2. 石膏切块模型

石膏切块模型是一定比例的膏粉与水混合后结成的固体物，其模型的强度取决于制作过程中混合时的配水量。膏体凝固的时间、密度、机械强度与水的比例、搅拌时间、搅拌速度及搅拌均匀度密切相关。水量越少，搅拌速度越慢，搅拌时间越短。水温越高，凝固越快，膏体密度越大，强度越高（不易加工）。反之，凝固时间慢，膏体密度小，强度降低（难以做精细）。

建筑模型是由多个块体黏结拼合而成的，有时某些部位发生断裂或碰损，需要黏合。通常方法是用白乳胶黏结，也可以在白乳胶中适量地掺混石膏粉，提高黏结的牢固度和速度。

3. 其他切块模型

切块模型还可选用很多其他材料，如木块、黏土、卡纸、有机玻璃等。木块取材方便，又非常容易加工，制作时选用质软、有细密纹理的木块，可以非常容易地切削成所需的形状。

用黏土做规划体块要开模制作。黏土具有很强的可塑性，主要用来做雕塑模型。

用卡纸做切块模型非常简便。首先用裁纸刀裁出所需的高度，在转折线上轻划一刀，很容易折成多边形。因其较为柔软，可以弯成任意曲面。用乳胶粘贴较为牢固。

建筑物都不是孤立存在的，与周围的环境有着不可分割的联系，并与环境形成一种特定的氛围（图 5-2-2）。例如，商业建筑追求热闹繁华的气氛，而陵园建筑要有庄严肃穆的氛围。建筑未建成时，模型在表现建筑与环境协调的同时，也必须将这种气氛烘托出来。

❖图　5-2-2

环境制作（即配景）包括很多因素，如树木、草地、汽车、路灯、行人、道路及小景等。但每个模型都有尺度问题，因而选用合适的模型元素尺寸是每个模型制作者必须掌握的关键（图 5-2-3）。

模型中的树分为抽象形树和具象形树。树的模型有成品，也有自己制作的。可用色卡纸卷曲、剪型、梳理而成。

草地的材料有草粉、草皮纸、绒布、色纸、锯末屑喷漆等。草粉和草皮纸在文具店、模型店有卖，色彩任选。草粉用乳胶，草皮纸用双面胶，施工简单，操作快捷。

在模型中一般只制作小汽车（即轿车），通常直接在玩具店购买，还有一种快捷方式就是用橡皮或石膏切削而成。

❖图 5-2-3

路灯适用于较大的模型中，在主干道两边、广场周围根据设计需要选用高架灯或地灯。地灯可用别衬衣用的衬衣珠针，其颜色较丰富。模型人可烘托建筑的繁华气氛，也是建筑的关键参照物。

小景包括很多东西，如雕塑、假山、栏杆、喷泉、花坛等。可用橡皮泥、橡皮、石膏制作。

学生作业赏析

优秀学生作业见图 5-2-4~图 5-2-14。

❖图 5-2-4

❖图 5-2-5

❖图 5-2-6

❖图 5-2-7

❖图 5-2-8

❖图 5-2-9

❖图 5-2-10

❖图 5-2-11

❖图 5-2-12

❖图　5-2-13

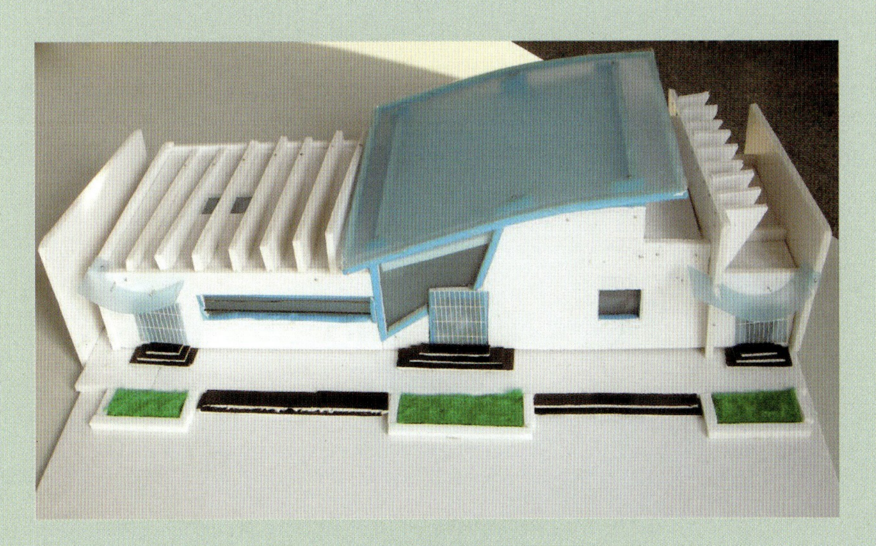

❖图　5-2-14

参 考 文 献

［1］文卫民，李洁．现代平面构成与应用［M］．长沙：湖南人民出版社，2007.

［2］黄英杰，周锐，丁玉红．构成艺术［M］．上海：同济大学出版社，2004.

［3］倪洋．平面构成［M］．上海：上海人民美术出版社，2007.

［4］易宇丹，张艺，张笑非．立体构成［M］．北京：清华大学出版社，2010.

［5］胡心怡．色彩构成［M］．上海：上海人民美术出版社，2007.

［6］赵平勇．设计色彩学［M］．北京：中国传媒大学出版社，2006.

［7］郑建启．模型制作［M］．武汉：武汉理工大学出版社，2001.